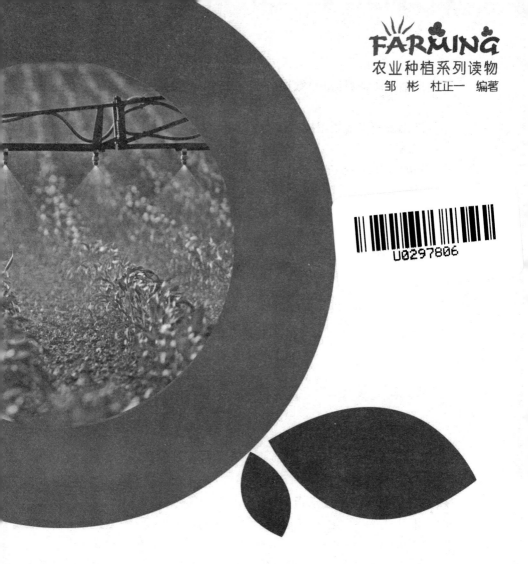

FARMING

农业种植系列读物

邹彬 杜正一 编著

U0297806

新编农药安全使用技术指南

河北科学技术出版社

图书在版编目(CIP)数据

新编农药安全使用技术指南／邹彬，杜正一编著
. -- 石家庄：河北科学技术出版社，2013.12(2023.1 重印)
ISBN 978-7-5375-6531-8

Ⅰ．①新… Ⅱ．①邹… ②杜… Ⅲ．①农药施用-安
全技术-指南 Ⅳ．①S48-62

中国版本图书馆 CIP 数据核字(2013)第 269753 号

新编农药安全使用技术指南
邹　彬　杜正一　编著

出版发行　河北科学技术出版社
地　　址　石家庄市友谊北大街 330 号(邮编:050061)
印　　刷　三河市南阳印刷有限公司
开　　本　910×1280　1/32
印　　张　7
字　　数　140 千
版　　次　2014 年 2 月第 1 版
　　　　　2023 年 1 月第 2 次印刷
定　　价　25.80 元

Preface ☞ 序

推进社会主义新农村建设，是统筹城乡发展、构建和谐社会的重要部署，是加强农业生产、繁荣农村经济、富裕农民的重大举措。

那么，如何推进社会主义新农村建设？科技兴农是关键。现阶段，随着市场经济的发展和党的各项惠农政策的实施，广大农民的科技意识进一步增强，农民学科技、用科技的积极性空前高涨，科技致富已经成为我国农村发展的一种必然趋势。

当前科技发展日新月异，各项技术发展均取得了一定成绩，但因为技术复杂，又缺少管理人才和资金的投入等因素，致使许多农民朋友未能很好地掌握利用各种资源和技术，针对这种现状，多名专家精心编写了这套系列图书，为农民朋友们提供科学、先进、全面、实用、简易的致富新技术，让他们一看就懂，一学就会。

本系列图书内容丰富、技术先进，着重介绍了种植、养殖、职业技能中的主要管理环节、关键性技术和经验方法。本系列图书贴近农业生产、贴近农村生活、贴近农民需要，全面、系统、分类阐述农业先进实用技术，是广大农民朋友脱贫致富的好帮手！

中国农业大学教授、农业规划科学研究所所长
设施农业研究中心主任 张天柱

2013年11月

Foreword ☞ 前言

　　农业是国民经济的基础，是国家稳定的基石。党中央和国务院一贯重视农业的发展，把农业放在经济工作的首位。而发展农业生产，繁荣农村经济，必须依靠科技进步。为此，我们编写了这套系列图书，帮助农民发家致富，为科技兴农再做贡献。

　　本系列图书涵盖了种植业、养殖业、加工和服务业，门类齐全，技术方法先进，专业知识权威，既有种植、养殖新技术，又有致富新门路、职业技能训练等方方面面，科学性与实用性相结合，可操作性强，图文并茂，让农民朋友们轻轻松松地奔向致富路；同时培养造就有文化、懂技术、会经营的新型农民，增加农民收入，提升农民综合素质，推进社会主义新农村建设。

　　本系列图书的出版得到了中国农业产业经济发展协会高级顾问祁荣祥将军，中国农业大学教授、农业规划科学研究所所长、设施农业研究中心主任张天柱，中国农业大学动物科技学院教授、国家资深畜牧专家曹兵海，农业部课题专家组首席专家、内蒙古农业大学科技产业处处长张海明，山东农业大学林学院院长牟志美，中国农业大学副教授、团中央青农部农业专家张浩等有关领导、专家的热忱帮助，在此谨表谢意！

　　在本系列图书编写过程中，我们参考和引用了一些专家的文献资料，由于种种原因，未能与原作者取得联系，在此谨致深深的歉意。敬请原作者见到本书后及时与我们联系（联系邮箱：tengfeiwenhua@sina.com），以便我们按国家有关规定支付稿酬并赠送样书。

　　由于我们水平所限，书中难免有不妥或错误之处，敬请读者朋友们指正！

编　者

CONTENTS
目 录

第一章 农药的基础知识

第二章　农药的配制技术

第三章 农药的安全使用

第四章 农药在农产品上的安全间隔期

第五章 农药中毒及事故处理

第六章　农药常用新品种

第一章
农药的基础知识

第一节 正确认识农药

一、农药的定义

　　根据《中国农业百科全书·农药卷》的定义，农药主要是指对危害农林牧业生产的有害生物（害虫、害螨、线虫、病原菌、杂草及鼠类）有预防作用和对植物生长有调节作用的化学药品，但通常也包括改善有效成分的物理、化学性状的各种助剂。需要指出的是，不同的时代、不同的国家和地区对于农药的含义和范围都有所差异。例如，美国早期将农药称为"经济毒剂"，欧洲则称其为"农业化学品"，一些书刊把"除化肥以外的一切农用化学品"作为农药的定义。在20世纪80年代以前，农药的含义和范围偏重于强调对有害生物的"杀死"；20世纪80年代以后，则更偏重"调节"，所以，我们把农药定义为"生物合理农药""理想的环境化合物""抑虫剂""生物调节剂""抗虫剂""环境和谐农药"等。虽然说法不同，但"对有害生物高效，对非靶标生物及环境安全"仍是农药的内涵。

二、农药的作用

农药作为一类化学药物，具有一定的特殊性。按照农作物虫害、病害、杂草和鼠害的防治要求，一般将农药分为杀虫剂、杀菌剂、除草剂和灭鼠剂等类。此外，农药还有害虫行为控制剂、植物生长调节剂、农产品防腐剂和保鲜剂等多种用途的分类。每一类农药都有很多种，它们有着不同的作用和性质。根据我国目前的经营和使用情况，农药主要有以下五个方面的作用。

第一，杀死或控制危害农作物、林果、蔬菜、仓储农产品的害虫及城市卫生害虫等。在这方面我国农药的应用最广、用量最大。

第二，杀死、抑制或预防引起植物病害的病原物。目前我国用于这方面的农药品种和销量正在不断扩大。

第三，防除农田杂草。化学除草剂在国外占农药的比重较大，如今在我国的发展也较快。

第四，杀死鼠类等有害生物，预防或减少疫病的发生。目前杀软体动物剂和杀鼠剂的生产和应用在我国仍然具有较大的市场。

第五，控制调节植物或昆虫的生长、成熟、繁殖等。广泛应用植物生长调节剂，已经成为我国科学种植、促进增产增收不可缺少的农业技术措施。

制约农业生产的重要因素之一是农作物病虫草害。随着现代化生产的发展和农业技术水平的不断提高，利用农药来控制病虫草害的技术，已成为确保农业高产稳产不可缺少的关键措施。利用化学农药对农作物病虫草害进行防治，可以节省劳力、降低成本，高产高效。特别是在控制危险性、暴发性病虫草害时，农药就更显示出不可替代的作用。

同时，对农药的使用有严格的技术要求。在使用中，既要选择安全、高效、经济、方便的农药，力求提高防治效果，又要避免对农作物产生药害和公害，尽量不要对土壤、环境造成污染，防止破坏生态环境和自然资源。调查显示，现在各地的农民在开展农作物病虫草害药剂防治中，还有选用药剂不对路、用药量不准确、用药防治不及时、用药方法不正确和见病、见虫、见草就打药的现象存在，浪费人工、资金、时间，污染环境，增加有害生物抗药性的不良后果，对作物造成严重危害。因此，正确掌握农药使用技术，对经济有效控制农作物病虫草害、降低防治成本、减少污染、提高产量和品质，具有非常重要的意义。

三、了解农药的特性

只有对每一种农药的性质和用途有很好的了解，才能使其作用得到充分的发挥，以获得理想的效果。有些农药品种可以互相换用，但是也有一些则绝对不能互换。使用之前必须仔细阅读农药说明书或参考有关资料，慎重使用，避免因为药剂的错用造成损失。即使是可以互换的农药，也必须先仔细了解其特点才能运用好，绝不能因为同属于杀菌剂或杀虫剂而任意互相换用。例如，杀螟硫磷和氧乐果都属于杀虫剂，都能杀害棉蚜，可以在一定条件下进行互换，但氧乐果属于很好的内吸杀蚜剂，而杀螟硫磷则没有内吸的作用，而且随着气温的升高，作用时间也会变短。溴氰菊酯对棉蚜的杀伤力很强,但是很容易诱导棉蚜产生抗药性,因而最好也不要随便换用。其他各类农药的情况也都类似。因此,必须正确地认识各种农药的特点,才能用其所长而避其所短。

各种农药对环境条件的适应性也有很大差异。对于温度、湿度和阳光的变化,有些农药有较强的适应性,如多菌灵、西维因、2,4-滴等;但很多农药则不稳定,如氟乐灵、敌磺钠遇光容易分解,代森锌在高湿度下易分解等。大多数农药在特殊的环境条件下都没有强稳定性,因此,必须清楚地认识和了解农药的贮藏保管和使用方面的条件。

农药的毒性差别也很大。有些农药容易通过皮肤、黏膜进入人体,有些则只能通过消化系统被身体吸收后导致中毒。熏蒸剂则可以通过各种通道进入人体,因此有较大的危害,在使用时必须有特殊的操作和防护条件。毒性的大小也有很大差别,如涕灭威、克百威都属于剧毒,中毒剂量在毫克级,而马拉硫磷、敌百虫等的中毒剂量在数百、数千毫克级,相对来说比较安全。因为农药对有害生物所发生的致毒作用方式、作用的持效性、作用强度等都是其生物活性在一定环境条件下的综合表现,所以在不同的环境条件特别是气象气候条件下,农药表现出的效果也会不一样,有时会有很大的变化。例如,溴氰菊酯的毒力在气温较低时比较强,与过去使用的滴滴涕的性质很相似,这在毒理学上称作"负温度系数"效应。抗蚜威、杀虫双等具有一定熏蒸作用的杀虫剂,其熏蒸作用在气温较低时不是很显著,而随着气温的升高则越来越明显。毒力试验的结果表明,内吸作用的强度与植物吸水力的强度呈正相关,而植物吸水力在24小时内呈有规律的变化。农药的内吸作用在一天的清晨或傍晚比较强，尤其是傍晚最强，因为傍晚时作物叶片和根系的生理吸水力最强。因此，要根据农药的特性来选择适宜的施药时间，才可以取得预期的防治效果。

第二节　农药的种类

农药品种众多，我国现有农药 600 多种，常用的 300 多种。从不同的角度、不同的方法所得到的分类结果也不一样。了解农药的分类对正确使用农药有着重要意义。常用的分类方法是按照来源、主要成分、防治对象和作用方式来进行的。

一、按来源分类

（一）矿物源农药

活性物质来源于天然的无机化合物和石油的农药，如硫化物、氟化物、砷化物以及石油乳化剂等。

(二) 生物源农药

1. 动物源农药　活性物质来源于动物毒素、昆虫激素、昆虫信息素和天敌动物的农药。

2. 微生物源农药　活性物质来源于微生物及其代谢产物的一类农药，一般具有对植物无药害、对环境友善等优点，如井冈霉素、苏云金杆菌、阿维菌素等。

3. 植物源农药　活性物质来源于植物的农药，一般具有毒性较低、对植物无药害、有害生物不易产生抗药性、对环境无害等优点，如除虫菊素、烟碱、鱼藤酮、苦参碱、川楝素等。

(三) 化学合成农药

活性物质是通过化学有机合成而得到的农药，农药中绝大多数是这一类，如多菌灵、乙酰甲胺磷、杀虫双、克百威、乙草胺等。

二、按主要成分分类

(一) 无机农药

农药中的有效成分属于无机化学物质，主要加工、配制成分是天然矿物原料，又被称为矿物源农药。早期使用的无机农药如氟制剂、砷制剂，因药效差、毒性高、对植物不安全，已逐渐被有机农药取代。目前使用的无机农药主要有铜制剂和硫制剂，铜制剂有硫酸铜、波尔多液等，硫制剂有硫黄、石硫合剂等。

（二）有机农药

农药中的有效成分属于有机化合物，多数可用有机的化学合成方法制得。这一类农药在目前所使用的农药中占有很大的比例，其优点是药效高、见效快、用量少、用途广、可适应各种不同需要等。有机农药根据其来源及性质又可分为植物性农药（用天然植物加工制造，天然有机化合物是其所含有效成分，如鱼藤酮、印楝素）、烟碱、微生物农药（用微生物及其代谢产物制成，如苏云金杆菌、阿维菌素、井冈霉素等）和有机合成农药（用人工合成的有机化合物制成）。

三、按防治对象分类

（一）杀虫剂

在农药中，杀虫剂是品种比较多的一类，它们有着不同的作用和性质。在使用之前必须要很好地了解每一种杀虫剂的用途及防治对象，才能充分发挥应有的高效杀虫作用。同属于杀虫剂的一些农药品种，有些可以换用，有些绝不能互换。使用杀虫剂时，事先应仔细阅读该种农药的标签、说明书或查阅有关资料。即使农药品种可以互换，也必须在了解其特性后再进行使用。灭多威与菊酯类混配使用可以延缓害虫的抗性；氟啶脲对蚜虫、叶蝉、飞虱等无效，但对于对有机磷、氨基甲酸酯、拟除虫菊酯有抗性的害虫有良好的防效；硫丹与菊酯类农药有负交互抗性，交替使用可控制棉铃虫产生抗性；抗蚜威能防治对有机磷产生抗性的蚜虫，但棉蚜除外。所以只有了解每种农药的特点，才能高效使用，切忌任意换用。

（二）杀螨剂、杀线虫剂、杀软体动物剂

有些药剂专用于防治螨类、线虫类或软体动物类，分别称为杀螨剂、杀线虫剂、杀软体动物剂。

（三）杀菌剂

杀菌剂有很多种，对阳光、温度和湿度变化等各种环境条件的适应性有很大差异。有些杀菌剂如西维因、多菌灵等适应性强，但常用的代森锌在高湿度下不稳定、易分解，在使用条件方面和贮藏保管时都必须注意。

（四）杀鼠剂

杀鼠剂的作用原理与杀虫剂基本相似，只是一般没有触杀作用。

（五）植物生长调节剂

这类药剂对植物能起到化学调控作用，使植物的生长发育按人们的意愿发展，如矮化植物、防止倒伏、抑制生长、增加产量、促插条生根、促进植株生长、抑制烟草腋芽和马铃薯块茎芽、疏花疏果、防止采前落果、催熟增糖、防腐保鲜等。

（六）除草剂

除草剂近些年发展比较快，应用面积广，品种比较多。使用时应注意根据其作用性质和方式的不同，分别对不同的作物田选用适当的除草剂。

四、按作用方式分类

（一）杀生性杀虫剂

这种杀虫剂的目标是杀死害虫个体。

1. 触杀剂　经昆虫体壁进入体内引起中毒的杀虫剂。

2. 胃毒剂　经昆虫取食进入体内引起中毒的杀虫剂。

3. 熏蒸剂　杀虫剂施用后，呈气态或气溶胶态的生物活性成分，经昆虫气门进入体内引起中毒。

4. 内吸剂 杀虫剂通过植物的叶、茎、根部或萌发前后的种子吸收进入植物体内，并在植物体内输导、扩散、存留或产生有生物活性的其他代谢物，昆虫在取食植物组织或刺吸式口器昆虫在吸食植物汁液时，杀虫剂进入昆虫体内引起中毒。有些杀虫剂能被植物吸收进入植物组织，但难于输导、扩散，仅在施药的局部点发挥作用，称为渗透作用。

(二) 非杀生性杀虫剂

这种杀虫剂也被称为特异性杀虫剂，目标是对害虫的生理行为有较长期的影响，防止害虫继续繁衍危害。对人畜一般有低毒性，对天敌没有伤害，有的品种具有很强的生物活性。

1. 引诱剂 可以把一定范围内的昆虫引诱到有药剂的地方的杀虫剂。通常分为性引诱剂、食物引诱剂、产卵引诱剂。

2. 昆虫生长调节剂 扰乱昆虫正常生长发育，使昆虫个体生活能力降低、死亡或种群灭绝的杀虫剂。包括保幼激素、抗保幼激素、脱皮激素、几丁质合成抑制剂等。

3. 拒食剂 可以使昆虫产生拒食反应的杀虫剂。它不使昆虫忌避，但昆虫吃了药剂处理的植物后，会在短时间内停止取食。产生拒食反应的昆虫通常也拒绝取食未经拒食剂处理的宿主植物，直至饿死。

4. 不育剂 可以破坏昆虫生育机能的杀虫剂。它使昆虫不产卵，或产出不能孵化的卵，或孵化的子代不能正常发育。

5. 驱避剂 能使昆虫忌避而远离药剂所在处的杀虫剂。目前，

主要用于驱避卫生害虫以保护人畜。

（三）杀菌剂

1. **保护性杀菌剂** 在病原菌侵染之前在植物体表面进行喷施的杀菌剂，有保护作用，使植物不被病菌侵染。较老的杀菌剂品种多为保护性，如福美类、波尔多液和代森类有机硫杀菌剂等。

2. **治疗性杀菌剂** 病原菌侵入植株以后再施用的杀菌剂，对病菌生长发育有抑制作用，甚至致死，可以缓解植株受害程度甚至恢复健康。有的内渗性杀菌剂具有治疗作用，如代森铵等。

3. **铲除性杀菌剂** 直接接触植物病原并杀伤病菌，使它们不能侵染植株的杀菌剂。植物在生长期不能忍受铲除剂的强烈作用，故一般在播前土壤处理、植物休眠期或种苗处理使用。石硫合剂药液浓度高时具有铲除作用，如在桃树萌芽前施药，可杀死枝干上的桃缩叶病菌。

（四）除草剂

1. **触杀性除草剂** 药剂施用后可以把直接接触到药剂的杂草该部位活组织杀死。这类除草剂要求均匀周到地进行施药，但只能把杂草的地上部分杀死，而对接触不到药剂的地下部分无效。因此，它们一般只能防除由种子萌发的杂草，而不能很好防除多年生杂草的地下根、地下茎，如敌稗等。

2. **内吸性除草剂** 药剂在植物体或土壤施用，会被植物的根、茎、叶吸收，并在植物体内传导，最终把杂草植株杀死，如莠去津、草甘膦等。

第三节　农药的剂型

一、农药剂型的分类

原药是指未加工前的农药。固态的原药称为原粉，液态的原药称为原油。大部分的原药不能直接使用，必须经过一系列的加工过程将原药制成施用方便、安全，能充分发挥药效的各种制剂。

农药制剂有固态、液态和糊状物三种外观形态。可根据其形态和性能把每一物态分为不同的剂型，外观为固态的称为干制剂，为液态的称为液制剂。

二、农药制剂的主要剂型

具有一定组分和规格的农药加工形态被称为农药剂型，如可湿性粉剂、粉剂、乳油等。一种剂型所加工成的不同含量、不同用途的产品叫农药制剂。一种农药在实际应用中可能加工的剂型，主要依据其用途、施药方法上的必要性、安全性和经济上的可行性进行选择。

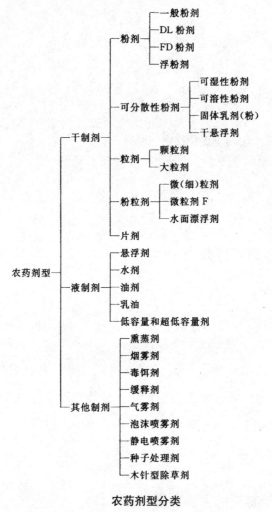

农药剂型分类

（一）乳油

乳油目前使用最多，由原药、助溶剂、有机溶剂和乳化剂等按一定的比例互溶形成。乳油使用方便，加水稀释成一定比例的乳状液即可使用。乳油中含有乳化剂，有利于雾滴在农作物、虫体和病菌上黏附与展着。有比较好的施药沉积效果、较长的持效期。除用喷雾器喷洒乳油，也可灌心叶、涂茎、拌种、浸种等。使用乳油时应注意，由于乳油中含的有机溶剂，有促进农药渗透植物表皮和动物皮肤的作用，要根据使用说明中规定的使用浓度施药。乳油有较长的残留时间，在蔬菜和果树上的应用更要对药量和施药时间进行严格的控制，防止药害及中毒事故的发生。

（二）粉剂

粉剂是使用最早的农药加工剂型，是由农药原药、填料及少量助剂经混合、粉碎至规定细度的粉状物。其优点是药粒相对较细、使用方便、分布均匀、节省劳力、撒布效率高等，可用于撒粉或拌种，防治地下害虫和土传病害，也可用于大田、温室、果树、林木喷粉防治病虫，还可用粉剂配成毒饵防治害虫或害鼠，特别是在水源缺乏的山区、林区使用更为方便。但这种制剂的缺点是喷粉时粉粒易于飘失，污染环境，粉粒不易附着在植物表面上，回收率低，持效期短，损失多。

对于粉剂的质量标准，中国国家标准为有效成分含量不低于标明的含量，水分含量不大于 1.5%，pH 为 5~9，并具有较好的流动性和分散性，细度不低于95%过200目标准筛，即粉粒直径在74微米以下。

（三）可湿性粉剂

可湿性粉剂是农药的原药、填料（如高陵土、陶土和滑石粉）

和湿润剂按一定比例混合，经机械粉碎而制成的粉状物。它易被水湿润，在水里经搅拌后可形成均匀的悬浮液。除了用作喷雾，还可用作拌种、撒毒土、土壤处理和泼浇使用。

（四）可溶性粉剂

可溶性粉剂是将水溶性农药原药、填料和适量的助剂混合制成的可溶解于水的粉状物，供加水稀释后使用。

（五）烟剂

烟剂又称烟雾剂，是用农药原药、氧化剂、燃料等配制成的粉状制剂。点燃时由于药剂受热气化，会有固体微粒在空中凝结，起杀虫作用，如敌敌畏烟剂等。

（六）热雾剂

热雾剂是用油溶性药剂（多为柴油、变压油或煤焦油中的蒽油）应用机械热力联合法或机械法，把油剂分散成烟雾状的细小点滴。它适用于果园害虫防治。

（七）胶体剂

胶体剂是用农药原药和分散剂（如氯化钙、纸浆废液、茶枯、糖蜜浸出液等）经过融化、分散、干燥等过程制成的粉状制剂。药粒直径在 2 微米以下，加水稀释可成为悬浮液或胶体溶液，如胶体硫等。

（八）悬浮剂

悬浮剂是由农药的原药微粒、水、分散剂和防冻剂等构成的一种黏稠性悬浮液。悬浮剂兼具乳油和可湿性粉剂的优点，主要用于常规喷雾。

（九）颗粒剂

颗粒剂是由农药的原药、辅助剂和载体（如土粒和煤渣等）配制成的颗粒状制剂。颗粒剂具有在施用过程中沉降性好、施用方便、省工省时、飘移性小、对环境污染轻、残效期长等优点。

三、农药剂型的发展趋势

农药的安全性在现代社会有了更严格的要求。一般公司会耗费高成本、长时间来研究开发高效、低毒、低污染的新农药。因此，根据我国目前的实际情况，较为行之有效的方法是通过配方的加工改进和农药剂型等途径，使现有农药品种的药效得到充分发挥，减少或避免农药的不良影响，以延长农药的使用寿命。

（一）农药剂型的使用现状

1. **乳油、可湿性粉剂等老剂型** 目前，乳油、可湿性粉剂两种剂型制剂无论是从数量还是产量上都占有相当大的比重。乳油、可湿性粉剂等老剂型均存在严重的环境问题，乳油中使用大量的有机溶剂如甲苯、甲醇、二甲苯等，对人畜吸入都有危害，也会对环境造成污染；在加工和使用可湿性粉剂时，粉尘飞扬，对环境造成污染，而且在和水混合静置时，容易分层造成药液不均匀现象。在环境、安全规定严格的今天，这些剂型的发展将受到限制，取而代之的是对环境没有污染的水性、粒状等农药新剂型。

2. **环保型农药新剂型** 近年来，我国非常重视对环保型农药新剂型的开发，新剂型的数量、品种有所增加，并且提高了产品质量，开始走向发展阶段。

（二）农药新剂型的发展与应用效果

农药新剂型在防治病虫草害的应用研究中取得了较大的进展，并向多样化方向发展。

1. **乳油和可湿性粉剂正逐步被微乳剂和水乳剂取代** 农药微乳剂和水乳剂是指农药有效成分和乳化剂、防冻剂、分散剂、助溶剂、稳定剂等助剂均匀地分散在基质水中，形成的透明或乳状液体。由于在水相中分散的有效成分的粒径不同，水乳剂为 0.1~0.5 微米，微乳剂为 0.01~0.1 微米，所以微乳剂外观透明或接近透明，水乳剂外观则为乳白色。

根据 2005 年田间药效登记试验结果，20%甲氰菊酯水乳剂 1：2000 倍液对柑橘潜叶蛾的杀虫效果和保梢效果略优于 20%甲氰菊酯乳油。用 15%三唑磷微乳剂防治水稻二化螟，当用药量减少 20%时，保苗效果和杀虫效果与 20%三唑磷乳油相近或略好于 20%三唑磷乳油。用 10%氯氰菊酯微乳剂和乳油防治十字花科蔬菜害虫菜青虫，当用药量都为 2.5 克/亩①时，微乳剂的防效略高于乳油。用 1.8%阿维菌素水乳剂和 1%阿维菌素乳油防治十字花科蔬菜害虫小菜蛾，有效用药量相同时，具有相当的防治效果和持效期。

2. 水分散粒剂是剂型发展的重要方向　水分散粒剂是近年发展的一种颗粒状新剂型。它由固体农药原药、分散剂、增稠剂、湿润剂等助剂和填料加工造粒而成，遇水能崩解分散成悬浮状。该剂型流动性能好，无粉尘飞扬，使用方便，贮存稳定，具有可湿性粉剂和胶悬剂的优点。

田间药效登记试验结果表明，用 70%啶虫脒水分散粒剂和 20%啶虫脒可溶性粉剂防治黄瓜蚜虫，有效用药量都为 1.75 克/亩时，水分散粒剂的防治效果与持效期均比可溶性粉剂要好。

3. 微胶囊剂的技术含量高，应用前景广阔　田间药效登记试验结果表明，用 48%毒死蜱乳油和 25%毒死蜱微胶囊剂防治棉花田斜纹夜蛾幼虫，有相近的有效用药量时，药后 2 天的防治效果乳油要优于微胶囊剂，药后 5 天的防治效果相当，药后 10 天的防治效果微胶囊剂明显优于乳油。

---

① 亩为非法定计量单位，1 亩约为 667 平方米，15 亩＝1 公顷。

在世界经济一体化的今天，农产品的竞争必然会是全球性的。影响农产品竞争力的最主要限制因素是农产品品质和农药残留问题。我国高毒农药的生产所占比例一直很高，仅高毒有机磷杀虫剂就占全国农药总产量的 1/3 以上，而有机磷农药剂型又多为乳油，因此，在进行调整有机磷农药品种，高毒品种被低毒安全品种所替代的同时，尤其有必要通过改造剂型，积极向水基性、控制释放型、综合功能型、水可分散固体型农药方向发展。

（1）由于微胶囊剂具有许多优点，微胶囊剂必将成为农药制剂的重要发展方向。如何设计控制器使其能在所要求的时间释放出所需求的药剂，还需要进一步研究。

（2）根据目前已开发品种的药效，许多复配剂型要比单剂的药效好，即有增效作用，因此，农药复配制剂的发展被日益看好。当两种农药复配时，若一种是固体原粉，一种是原油，且不溶于水，则首选的剂型是胶悬剂。

（3）有机溶剂被微乳剂和水乳剂取代了，制剂中也没有固体填料，环境压力大大减轻，是行之有效的绿色环保剂型。

（4）悬浮剂不需任何有机溶剂，因此，在某种意义上讲对人和环境更安全。

（5）固体新剂型高浓度水分散粒剂与水基性农药有密切关系，是未来市场最具竞争力的产品。

第四节　农药的毒性与药效

一、农药的毒性

（一）农药毒性的概念

农药的毒性是指农药所具有的在极少剂量下就能对人体、家畜、家禽及其他有益动物产生直接或间接的毒害作用和危害程度，或使其生理功能受到严重破坏作用的性能。即农药对人、养殖业动物、野生动物、农业有害生物的天敌、土壤微生物等有毒，均属于毒性范畴。农药可以通过皮肤接触、口服或呼吸道吸入进入体内，对生理机能或器官的正常活动造成危害，导致人或动物中毒死亡。影响农药毒性的化学因素有农药本身的化学结构、水解程度、光化反应、氧化还原反应，以及与人体体内某些成分的反应等；物理因素有农药的挥发性、脂溶性、水溶性等。

（二）农药毒性的划分

农药毒性主要受农药化学结构、理化性质影响，还与其剂型、剂量、持续时间、接触途径、有机体种类、可塑性、蓄积性及其在体内代谢规律等有密切关系。农药毒性大小的表示方法是通过产生损害的性质和程度，在实际生活中，较为常见的中毒现象是农药经皮肤接触和呼吸系统进入人畜体内而发生的。

根据对高等动物（大小白鼠、兔、狗等）的试验时间和导致中毒的方式而划分毒性的类型。农药对人畜的毒性主要分为急性毒性、亚急性和亚慢性毒性、慢性毒性3种类型。

1. **急性毒性** 急性毒性是指在一定条件下，药剂一次性大剂量经皮肤接触、口或呼吸道进入动物体内，在短时间内（24小时内）多次对动物体作用后，引起病理反应（如头昏、呕吐、恶心、痉挛、抽搐、呼吸困难和大小便失禁等）导致死亡的毒性。急性毒性可以分为急性经口毒性、急性经皮毒性和急性吸入毒性3种类型。对一种农药的急性毒性大小进行评价时，要综合考查3种急性毒性类型。急性毒性一般以最大耐受剂量或浓度、半数致死剂量或浓度、最小致死剂量或浓度、绝对致死剂量或浓度来表示。

急性毒性用的最多的是以 LD_{50} 表示，数值愈大，表示农药的急性毒性愈小；反之，LD_{50} 的数值愈小，则表示农药的急性毒性愈大。大多数国家都接受世界卫生组织（WHO）提出的农药毒性分级标准（表1）。我国卫生部门也已经颁布了一个分级标准（表2）。

表1　WHO农药急性毒性分级标准

急性毒性分类	经口（LD$_{50}$，毫克/千克）		经皮（LD$_{50}$，毫克/千克）	
	固体	液体	固体	液体
Ⅰa极毒	≤5	≤20	≤10	≤40
Ⅱb高毒	5~50	20~200	10~100	40~400
Ⅲ中等毒性	50~500	200~2000	100~1000	400~4000
Ⅳ低毒	>500	>2000	>1000	>4000

表2　中国农药急性毒性分级标准

毒性指标	剧毒	高毒	中等毒	低毒	微毒
LD$_{50}$（经口，毫克/千克）	≤5	5~50	5~500	500~5000	>5000
LD$_{50}$（经皮，毫克/千克）	≤20	20~200	200~2000	2000~500	>5000
LD$_{50}$（吸入，毫克/千克）	≤20	20~200	200~2000	2000~5000	>5000

2. **亚急性和亚慢性毒性**　在急性毒性试验的基础上，进一步检验受试动物的毒性是农药对人畜的亚急性和亚慢性毒性。两者的不同之处是给药期限和给药剂量不同，亚急性一般为14~28天的给药期限，而亚慢性则为3~6个月。主要观察农药对机体发生毒作用的靶标部位、蓄积性、中毒症状，初步确定无作用剂量和作用剂量。亚急性或亚慢性试验往往是慢性毒性试验的预备试验。

3. **慢性毒性**　慢性毒性是指人畜长期摄入微量药剂，在体内累积至中毒浓度后，表现出慢性中毒症状的现象的毒性。慢性毒性的测定，是通过用微量药剂长期喂养受试动物，过6个月甚至是2~4个世代，然后鉴定药剂对受试动物及后代的影响程度。农药对人畜的慢性毒性，主要因为植物、土壤、流水及大气都受到农药的污染，导致大量农产品、畜产品及水产品等含有一定量的药剂，这些被污染的食物被人和牲畜等生物长期食用后，容易发生慢性中毒。

新农药的发展方向是低毒性，但几乎不存在完全无毒的农药。为避免农药毒性引起的危害，严格按照农药管理规定执行农药生产、储存、营销、运输、使用等各环节，农药研究、生产、营销及使用人员都要了解和重视农药毒性问题，从保护人畜安全的角度出发，采取有效措施避免农药中毒。坚持尽量不用或少用，或以药效相近的低毒品种替代高毒农药的使用原则，如果必须使用，其限用范围需要特别注意，如施药后的农田在规定时间内禁止人畜进入，收获前禁用期，某些高毒农药不可作茎叶喷雾等。

二、农药的药效

（一）影响农药药效的因素

药效是药剂对有害生物的作用效果，测定时多在室外自然条件下进行。在一般正常情况下药效与毒力是一致的，毒力越大，则药效越高。但药效还与药剂本身加工质量、植物生长状况、测定时的自然条件（如温度、湿度、土壤质地）、施药方法等有极其密切的关系，测试时需综合考虑。防治效果是指在一定环境条件下，农药对某一防治对象综合作用的结果。影响农药药效的因素主要有以下三种。

1. 农药本身的因素　农药的化学成分、理化性质、作用机制、使用剂量以及加工性状都会对药效造成直接或间接的影响。例如，氰戊菊酯能杀死许多鳞翅目害虫，但是对螨类无效；每亩用20毫升和 40 毫升氰戊菊酯防治鳞翅目害虫的效果相比之下会有较大差异。因此，合适的农药品种、剂型和使用剂量的选择要根据防治对象、作物种类和使用时期来确定。

2. **防治对象的因素**　不同病虫害的生活习性有所不同，即使是同一种病虫害，在不同的发育阶段，对不同农药或同类农药也有不一样的反应，常表现为防治效果的差异。例如，久效磷对棉铃虫 1 龄、2 龄幼虫效果好，但对 3 龄以后的幼虫效果较差。

3. **环境因素**　温度、湿度、光照、雨水、风、土壤性质等环境因素，对病虫害的生理活动和农药性能的发挥有直接的影响，都能影响农药的药效。例如，氟乐灵、甲草胺、乙草胺都使用同样的剂量，干旱时除草效果差，在适宜的土壤湿度条件下，除草效果好；且除草剂在沙土地上使用，效果比在有机质含量高的地上使用明显要高；辛硫磷见光易分解失效。因此，在农药使用前，必须掌握农药的性能特点、防治对象的生物学特性。在施用过程中，应充分利用一切有利因素，控制不利因素，使防治效果达到最佳。

（二）药效的表示单位

药效与毒力的表示方法不同，一般因防治对象、作物种类而异。杀菌剂通常用发病率、病情指数、产量增减率等来表示药效。除草剂通常用防除效果、鲜重或干重防效、产量增减率等来表示药效。杀虫剂通常用害虫死亡率（虫口减退率）、植株（或果实、蕾、铃等）被害率、保苗（穗）率、防治效果等来表示药效。

1. 杀菌剂

$$发病率（普病率）（\%）=\frac{病株（苗、叶、秆、穗）}{调查总株（苗、叶、秆、穗）}\times100$$

发病率计算可基本反映药效，但叶斑病类是植株局部受害，不同植株的病害轻重不同，应根据不同病害，划分成不同病级进行检查，计算施药区与对照区的病情指数。

$$病情指数（\%）=\frac{\Sigma（病级叶数\times该病级值）}{调查总叶数\times最高级值}\times100$$

$$相对防治效果（\%）=\frac{对照区病情指数-施药区病情指数}{对照区病情指数}\times100$$

2. 除草剂

$$防除效果（\%）=\frac{对照区杂草株数（鲜重）-施药区杂草株数（鲜重）}{对照区杂草株数（鲜重）}\times$$

100

$$增产率（\%）=\frac{施药区产量-对照区产量}{对照区产量}\times100$$

3. 杀虫剂

$$害虫死亡率（虫口减退率）（\%）=\frac{施药前活虫数-施药后活虫数}{施药前活虫数}\times100$$

如果害虫自然死亡率较高，药效期内虫口变化较大，用上式计算则不能真正反映药剂的效果，应在试验时设不施药的对照区，计算校正死亡率（虫口减退率），公式如下。

校正死亡率（虫口减退率）（\%）=

$$\frac{施药区虫口减退率-对照区虫口减退率}{1-对照区虫口减退率}\times100$$

第二章

农药的配制技术

能直接使用的农药制剂只有少数，大部分农药都要经过配制才能使用。农药的配制就是把商品农药兑水稀释成可以施用的状态。首先是仔细阅读农药标签和使用说明书确定当地条件下的用药量和配料用量，根据使用容器的容积计算出每次加入的农药制剂量。其次是量取与混合，量取或称取制剂取用量和配料用量时，要严格按照计算结果。液体药要用有刻度的量具，固体药要用秤称。量取好药和配料后，要在专用的容器里混匀。混匀时，不得用手搅拌，要用工具。

第一节 农药配制注意事项

一、农药用量表示方法

（一）农药商品用量表示方法

一般表示为克（毫升）/公顷。如防除大豆田禾本科杂草需要20%烯禾啶乳油 975～1500 毫升/公顷。

（二）农药有效成分用量表示方法

国际上早已普遍采用单位面积有效成分用量，即克有效成分/公顷表示。如氰戊菊酯防治菜青虫时有效成分用量为 75～100 克/公顷。

（三）百万分浓度表示法

表示 100 万份药剂中含有农药有效成分的份数，通常表示农药加水稀释后的药液浓度。

（四）百分浓度表示法

表示 100 份药液中含有农药有效成分的份数。如 50%乙草胺乳油，表示 100 份这种乳油中含有 50 份乙草胺的有效成分。

（五）稀释倍数表示法

是针对常量喷雾而沿用的习惯表示方法。如 10%氯氰菊酯乳油 2000 倍液防治菜青虫，即表示 0.5 千克 10%氯氰菊酯乳油应加水约 1000 千克。因此，倍数法一般不能直接反映出药剂的有效成分。根据所要求稀释倍数的大小，在生产应用上通常采用内比法和外比法两种配法。

1. 外比法　此法用于稀释 100 倍以上的药剂，计算稀释量时不扣除药剂所占的 1 份。如稀释 1500 倍，即用药剂 1 份加稀释剂约 1500 份。

2. 内比法　此法用于稀释 100 倍及以下的药剂，计算稀释量时要扣除药剂所占的 1 份。如稀释 80 倍，即用药剂 1 份加稀释剂 79 份。

二、配制农药的具体要求

农药是有毒物质，应极其谨慎、严格按照操作规程来配制农药。

（1）要正确地选择对口农药，阅读标签要仔细，计算所需稀释量。把合适的器械准备好，包括呼吸器、防护服；如果有必要，还要把紧急抢救器械准备好。

（2）当操作高危险农药时，千万不要单独进行。

（3）进行配制时要选择在户外或通风良好的区域。要小心谨慎地拆封高浓度农药容器。身体的任何部位不要直接接触瓶盖或灌注导管或容器。使用剪刀将袋子剪开，不要直接手撕，因为如果装的是干剂类，如粉剂、尘粉剂，手撕时由于力量集中容易喷出。要始终站在上风头混合或灌装农药。

（4）带有体积刻度或重量刻度或两种刻度都有的测量液体的量器，应和称量干物质的工具一样，与农药存放在一起。每次使用量取容器后要彻底清洗干净。

（5）当使用完或倒空农药瓶（袋）中的农药以后，要用喷洒中将使用的水或稀释剂冲刷 3 次（一般用农药瓶容积的 1/4～1/6 的水量，大瓶取 1/6 量），每次倒出后倒悬 30 秒，将每次冲洗的溶液都倒入喷雾器中。

（6）将溢洒出的农药立即清除。如果皮肤上不小心沾上了农药，应立即用肥皂和水清洗。应尽快更换被洒、溅上农药的衣服，并且在洗净前不要再穿。被农药污染的衣服与其他脏衣服不要一起清洗和保存。

（7）应该先将防护手套洗干净再脱掉。手套要定期更换，不要等到磨损坏或被污染后才更换。

（8）配制、施用及接触农药的人不要在彻底清洗干净之前吸烟、进食和喝酒，以免将黏附积聚在嘴唇或手上的农药摄入体内。严禁用嘴将农药从瓶中吸出。

（9）当往喷雾器中加水时，要使水管高于喷雾器水箱内水面，以免喷雾器中的农药被倒吸，污染水源。

第二节 农药配制时的计量方法

一、农药用量的准确量取

做到准确核定施药面积才能正确量取农药的用量，根据植保技术人员或农药标签推荐的农药使用剂量的推荐，计算施药液量和用药量。

农药稀释的用水量与农药用量，经常用3种方式表示。

1. 倍数浓度表示法　倍数浓度表示法是喷洒农药时经常采用的一种表示方法。所谓××倍，是指水的用量为制剂用量的××倍。配制时，可用下列公式计算。

例：配制15千克3000倍吡虫啉药液，需用吡虫啉制剂约5克。

使用倍数（3000）×制剂用量=稀释后的药液量（15千克）

制剂用量=15×1000÷3000=5（克）

2. 百分比浓度表示法　百分比浓度表示法是指农药的百分比含量。例如40%氧乐果乳油，是指药剂中含有40%的有效成分。再如配制0.01%的三唑酮药液，是指配制成的药液中含有0.01%的三唑酮有效成分。配制15千克0.01%的三唑酮药液，所需25%三唑酮可湿性粉剂的量，其计算公式如下。

制剂用量=使用浓度×药液量（0.01%×15千克）÷制剂的百分比含量（25%）= 6（克）

称取6克25%三唑酮可湿性粉剂，加入15千克水中，搅拌均匀，即为0.01%的三唑酮药液。

3. 百万分之一（ppm）含量表示法　现在国家标准（GB）以毫克/千克表示浓度（最新国际标准已停止使用此浓度表示法）。1ppm是指药液中有效成分的含量为1毫克/千克（1×10^{-6}）。400ppm的毒死蜱药液，其药液中有效成分的含量为400毫克/千克。

例：配制400ppm的毒死蜱药液15千克，需要40%毒死蜱乳油的量可按以下公式计算。

制剂用量=使用浓度×药液量（$400\times10^{-6}\times15\times10^{3}$）÷制剂的百分

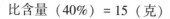

比含量（40%）= 15（克）

所以，配制 400ppm 的毒死蜱药液 15 千克，需要 40% 的毒死蜱乳油 15 克。

二、农药稀释的计算方法

（一）不同浓度表示法的相互换算

1. 毫克/千克浓度换成倍数的公式

$$倍数=\frac{有效成分百分数}{数（毫克/千克）}\times 10\ 000$$

例：25% 噻嗪酮配成 250 毫克/千克防治蔬菜上的白粉虱，用倍数表示。

计算：倍数 = 25÷250×10 000 = 1000（倍）

2. 倍数与百分浓度之间换算公式

$$百分浓度=\frac{原药剂度}{稀释倍数}\times 100$$

例：用噻嗪酮 25% 可湿性粉剂防治蔬菜上的白粉虱，用 1500 倍液喷雾，则含噻嗪酮有效成分的百分浓度是多少？

计算：噻嗪酮的百分浓度（%）= 0.25÷1500×100 = 1.67%。

3. 百分浓度（%）与百万分浓度（毫克/千克）之间换算公式

$$原药百万分浓度=\frac{原药百分浓度}{1\ 毫克/千克浓度}$$

例：5% 己唑醇悬浮剂是多少毫克/千克？

计算：原药百万分浓度（毫克/千克）

=原药百分浓度/（1毫克/千克浓度）

=5%÷（1/1 000 000）=50 000（毫克/千克）

(二) 稀释倍数方法的计算方法

1. 稀释倍数的计算公式

$$稀释倍数 = \frac{配制药液量}{农药制剂用量}$$

例：用25%吡蚜酮可湿性粉剂0.25千克，兑水400千克防治水稻稻飞虱，求稀释倍数是多少？

计算：稀释倍数=400÷0.25=1600（倍）

2. 用药量的计算公式

$$农药制剂用量 = \frac{配制药液量}{稀释倍数}$$

例：配制50千克吡蚜酮可湿性粉剂600倍液，需要吡蚜酮可湿性粉剂多少千克？

计算：需要吡蚜酮可湿性粉剂=50÷600=0.083（千克）

3. 稀释剂用量的计算公式

稀释剂用量=农药制剂用量×稀释倍数-农药制剂用量

例：0.5千克吡蚜酮可湿性粉剂稀释成600倍液需要加多少水？

计算：需要加水量=0.5×600-0.5=299.5（千克）

(三) 有效成分计算方法

1. 稀释剂用量的计算　稀释100倍以下：

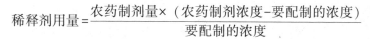

$$稀释剂用量 = \frac{农药制剂量 \times （农药制剂浓度 - 要配制的浓度）}{要配制的浓度}$$

例：40%丙溴磷乳油 500 克（＝0.5 千克）需配制成 5%药液，需加多少千克水？

计算：需加水＝0.5 千克×（0.40-0.05）÷0.05＝3.5（千克）

稀释 100 倍以上：

$$稀释剂用量 = \frac{农药制剂量 \times 农药制剂浓度}{要配制的浓度}$$

例：用 43%戊唑醇悬浮剂 10 克，稀释成 215 毫克/千克药液防治番茄菌核病，需要加多少千克水？

计算：农药制剂浓度 43%＝430 000 毫克/千克。

需加水：10 克×430 000÷215＝20 000 克＝20（千克）

2. 农药制剂用量的计算公式

$$农药制剂用量 = \frac{要配制药剂量 \times 要配制的浓度}{农药制剂的浓度}$$

例：配 10 毫克/千克的丙溴磷乳油 60 千克，需用 40%的丙溴磷乳油多少克？

计算：农药制剂浓度 40%＝400 000 毫克/千克。

40%的丙溴磷乳油用量＝（60 000×10）÷400 000＝1.5（克）

第三节　药液配制技术

一、对水质的要求

一般而言，应该用清洁的江、河、湖及沟塘的水配制药液，尽量不用井水，更不能用污水、海水或咸水，因为这些水里含有钙、镁等化学物质，硬度高，杂质多，配制药液时特别是对乳油类农药起破坏作用，容易产生药害。含固体悬浮物太多的水，其中的固体杂质可能会把药液喷雾器的喷嘴堵塞，降低药效，影响喷雾质量。即使是洁净水，也存在硬度、pH、其他水溶性有害杂质等问题，影响药液的良好理化性状，其中主要影响因素是硬度。

水中含有无机盐的浓度被称为水的硬度。该浓度越高，硬度就越大。水的硬度是农药制剂的质量技术指标要求之一，用标准硬水配制的药液在一定时间内理化性状良好。国内外硬水的统一标准是碳酸钙浓度为342毫克/升的水。

一般农药制剂，只适应硬度在软水到标准硬水左右的水质。含无机盐太多的水，会有盐析作用产生，使药液的良好理化性状遭到破坏。如果水中含有重金属离子，更会造成一些农药有效成分减效或失效。因此，在配制药液时，应尽量找水质好一点的水源利用，

"苦水"无机盐含量过高，不要使用。只有"苦水"水源的地区，须先用少量药剂试配药液，观察其理化性状，再决定该水源是否使用。

二、配制药液的操作方法

（一）制剂的量取

为了使用方便，有的厂家对固体制剂或液剂都采用小包装，根据药效的高低，最小包装净重只有 10 克（毫升）或 5 克（毫升），甚至更少，也有恰好为 1 亩用量者。因此用量即以 1 个或若干个小包装计，如果小包装本身或内袋材质是水溶性薄膜，配制药液时可以连同包装投入水中，省去了量取制剂的麻烦。国外有的厂家设计出具有量取功能（数百克或数百毫升）的较大包装，能分批次半自动地取出一定量的制剂，非常方便。

一般情况下，量取制剂在配药现场避风、避阳光的位置上进行。对于固体制剂，要使用称量器具，如感量 0.1 克的台秤。可用小塑料勺取药，可用烧杯或蜡光纸在台秤上盛药，也可在台秤上用减重法量取最小包装的制剂。量取药剂尽量准确一点，不要以为差不多就行，以免对施药剂量造成最终影响。从包装中取出制剂时要尽量做到稳与准，不要撒落在别的地方，也不要出现取出太多再往回倒的情况。对于液体制剂，有的药瓶上有体积刻度可以参照，但这样取药不太准确，最好使用体积量具，如量杯、量筒、量液吸管等。量药时不要随意用药瓶外盖，既不准确，又会对包装造成污染。有的液体制剂会有量杯附送，套在药瓶"肩"上，可以利用。有的液体制剂规格是以百分数表述的质量分数，量取药剂时可用称重法。量取乳油等含有大量有机溶剂制剂时，不要用如聚氯乙烯材质的器具，以免发生塑料溶胀现象。对悬浮剂，先检查是否下有沉淀层或上有清水层，必要时搅匀或摇匀，再依据其规格按质量或体积对药剂进行量取。

（二）兑水的操作

配制药液取水时如用水桶，可在取水桶内侧根据所盛水的重量用油漆标出不同水平面的刻度，使取的水量能够相对准确，计量时不要用"满桶水""半桶水"等模糊单位。

对于理化性状优良的制剂，缓缓倾入（除非是水溶性薄膜小包装，否则不要一次性倾入）水中后马上自分散，水中有"蘑菇云"现象出现，甚至不经搅拌，均匀分散（溶解、乳化或悬浮）的效果就能达到。这种情况下，可将计量的制剂兑到足量的水中。为保险起见，亦可稍加搅拌。

如果制剂理化性状相当差，特别是悬浮剂、可湿性粉剂，要在适当容器中把计量好的制剂放好。从配药总用水中取少量水分次倒入，先让水润湿制剂，再在强烈搅拌下配成均匀的母药液，后者在搅拌下兑到剩余的足量水中。这叫"两步法"配制。

对照一下日常生活中用水调制芝麻酱，对"两步法"就会有一定的理解。在顺时针或逆时针一个方向搅拌下，将水多次少量地倒在芝麻酱（相当于乳油，这里不考虑其中还有固体悬浮物）上，经过变稀（形成油包水乳液）、变稠（相转换）、再变稀（形成水包油乳液）的过程而完成操作。无论是大量水一次性倒在一坨芝麻酱上，

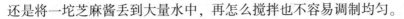

还是将一坨芝麻酱丢到大量水中，再怎么搅拌也不容易调制均匀。

对于理化性状不是太好，尤其是自分散性能不佳的制剂，可将计量的制剂缓缓倾入在搅拌下的一半用量的水中，配制均匀后，再在搅拌下把另一半用量的水兑进来。虽然配制操作会受到自分散性能的极大影响，但只要配成的药液能够分散均匀，这样的制剂质量就已经及格，可以正常使用。

应该尽快用掉配制好的药液，尤其是质量较差的制剂配出的药液，以免放置时间过久对药液理化性状造成影响。

配制药液时，如果一般措施如使劲搅拌也难以达到效果，甚至有浮油、沉油、大量沉淀、药粉或药粒漂浮在水面上等情况出现，则说明这是质量不合格的制剂，配出的"药液"不能用。

第四节 农药的混合调制方法

一、液态制剂的混合调制方法

一般来说，只要药剂的性质能掌握好，参照有关资料进行混合配制即可。但是，由于我国还有不少农药的剂型尚未标准化，在实际中仍应先仔细了解药剂的性质再进行混配，有时甚至还须进行必要的试验。例如，我国生产的一种菊马合剂乳油与百菌清可湿性粉剂不能进行混配，否则就会有絮结现象出现。虽然两种有效成分不变，但制剂絮结后会给喷雾和防治效果造成影响。

另外，在比较特殊的情况下，在混合配制时应注意操作程序。

一种是易在碱性条件下分解的药剂与碱性药物的混合，有一些是允许临时混合、随配随用的。例如，石硫合剂是最常用的一种碱性药剂，与敌百虫可以随配随用。但在配制时以下几点要注意。

（1）两种药必须分别先配制等量药液，这时各浓度应提高1倍，这样当混合两种药液时，在混合液中的浓度刚好达到最初的要求。

（2）混合时碱性药液（石硫合剂）应倒向敌百虫水溶液中，同时进行迅速搅拌。这样，混合液的氢离子浓度降低（即pH增加）比较缓慢。

（3）敌百虫比较难溶，因为其结晶容易结块，往往需要用热水或加温来促使溶解。这样得到的溶液是热溶液，必须使它充分冷却之后再与石硫合剂溶液混合，因为敌百虫的碱性分解速度在受热的情况下会显著加快。碱性药剂较常用的还有松脂合剂、波尔多液等。

一种是浓悬浮剂的使用。几乎每一种浓悬浮剂都有沉淀现象存在，即在存放过程中下层变浓稠而上层逐渐变稀。一些浓悬浮剂有些还发生下层结块的现象，一般的振摇或用棍棒搅拌都不容易使之散开。因此，使用此种制剂进行药液配制时，必须采取两步配制法，第一步必须保证浓悬浮剂形成均匀扩散液。浓悬浮剂沉淀物在搅散时，如果要一次用完一整瓶药，冲洗时可以用水帮助。但如整瓶药不能一次用完，则必须把沉淀物用棒或其他机械办法彻底搅开，在彻底搅匀后再取用。否则，先取出的药含量低而剩余的药含量增高，使用时就会发生差错。在使用浓悬浮剂时必须十分注意这一点。浓悬浮剂沉淀物在用水冲洗时，总用水量必须包括冲洗用水量。

还有一种是可溶性粉剂的使用。可溶性粉剂都能溶于水，但是溶解的速度有快有慢。所以禁止把可溶性粉剂一次投入大量水中，或者已配制好的另一种农药的药液中，必须采取两步配制法。即先配制小水量的可溶性粉溶液，再稀释到所需浓度；或先把可溶性粉剂的溶液配成，再与另一种农药的喷雾液相混合。在配制过程中水的取用量也必须注意记录，其理由同上。

前面已多次提到两步配制法。这种配制方法不仅比较有利于一些特别的剂型，在田间喷药作业量大，需要多次反复配药时，还利于准确取药，减少接触原药而发生中毒的危险。

二、粉剂的混合配制方法

粉剂的混合，如果没有专门的器具，要混合均匀比液态制剂更难。如需进行较大量的粉剂混合，最好利用必须能加以密闭的专用混合机械，不易使粉尘飞扬，比较安全，混合也能有较好的效果。用锹在露地上拌和，很难做到混合均匀，而且粉尘飞扬，具有很大的危险性。

进行混合的粉剂量小时，可以采取下述方法。

1. 塑料袋内混合　先用比较厚实的密封性能良好的塑料袋，把所需混合分别称量好的粉剂放到塑料袋内，把袋口扎紧封死。注意一定要在袋内留出约1/3的空间。

把塑料袋放在平整的桌面或地面上，揉动时要从不同的方向，使袋内粉体反复翻动，最后把塑料袋捧在手中上下、左右抖动，让粉尘在袋内来回翻腾，使粉剂得到充分混合。

2. 分层交叉混合　对于体积较大、塑料袋内一次混合不方便的粉剂，可采取本法。选择平整、避风的地面，把足够大的塑料布铺在上面。称量好准备混合的两种粉剂。用木锨或边缘钝滑的金属锨或塑料铲把粉剂铺到塑料布上，操作步骤如下：把两种粉剂分层铺到塑料布上，甲种粉剂一层，乙种粉剂一层，直到铺加完毕，层次越薄越好。用锨把药粉搅拌均匀，然后把粉划分成 4 块。再把对角交叉的两块粉堆分别互相混合。混合完成后，再分为交叉的 4 块，按照上述方法再处理一遍。反复操作，次数越多则混合越均匀。最后形成的混合粉体可分成若干份，用塑料袋混合法加以振动混合，则可以充分分散、均匀混合粉剂。

运用第二种方法时，粉体暴露在空气中，粉尘不可能不飞扬，所以必须要佩戴好风镜、口罩等防护用品。

农药的品种和剂型很多，配制方法不可能完全雷同，这里不一一详述。但本章所介绍的是共同的几项基本原则。只要用户能把这些基本原则认真地学习掌握好，再参考本章所介绍的几项实例，就能做好农药的配制工作。

第三章

农药的安全使用

第一节 农药的选购

一、农药的正确选择

选择农药时，首先要根据农作物需要防治的对象，优先选择用量少、毒性低，在产品和环境中残留量低的品种，考虑农药的价格、包装、质量等问题，避免选择高效广谱、残留量大的农药。

农药品种的正确选择是有效控制有害生物的最重要的环节之一。我们所选择的农药不仅与对有害生物的控制效果有关系，而且与对人畜及环境的安危有直接关系。事实上，在购买农药的时候就存在潜在的危险，如所选择农药的类型、使用的剂型，甚至容器的类别都是引起农药事故的因素。应该在造成经济损失或构成健康威胁之前采取防止措施。

(一) 选择对症的农药

当准确诊断有害生物后，要选择对症的农药进行防治，将有害

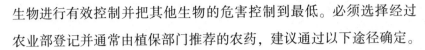

生物进行有效控制并把其他生物的危害控制到最低。必须选择经过农业部登记并通常由植保部门推荐的农药，建议通过以下途径确定。

（1）请教植保技术人员。

（2）查看植保部门发布的病虫情报或病虫防治公告。

（3）查阅植保技术资料和图片。

（二）选择合适的剂型

不同农药剂型有相当大的安全性差别，所以应该首先选择最安全的剂型。颗粒剂的安全性比喷雾剂和粉剂相对来说要高，因为它不容易漂移。漂移和扩散性能越强的剂型在气候条件不利的情况下对要保护的作物越容易产生药害。所使用的农药毒性越高，对农药使用者来说就有更大的风险。浓缩乳油剂农药的危险性一般比可溶性水剂更高，因为它渗透皮肤更快，而且更不容易洗掉。

（三）估算用量，做好购药计划

每次购买当前一次防治或一个季度的农药最合适，尽量不多买，以免在存储农药时出现问题。另外，选择农药时要尽量选择包装小一点的，因为小包装搬运方便，也不易意外溢出和污染环境。

二、购买农药时的注意事项

（一）看包装

购买农药时需要先确定该农药主治什么，兼治什么，然后选择合适的农药品种。购药时农药的标签和说明书要认真识别，从 2008 年 7 月 1 日起生产的农药不再用商品名称，如打大虫、菌除绝、草灭尽、极佳品等，只能用农药通用名称或简化通用名称，如吡虫啉、草甘膦、三环唑、氯氰·毒死蜱等。

标签上农药名称下面标注的有效成分名称、含量及剂型是否清晰，在购买前要特别注意看清楚。不同的产品通过农药有效成分名称、含量和剂型的对比来区分。未标注有效成分名称及含量的农药不要购买。

商品农药凡是合格，在标签和说明书上都会标明农药品名、有效成分含量、生产日期、保质期、注册商标、批号和三证号——农药登记证号、生产批准证号和产品标准号，而且附有产品说明书和合格证。

不要购买"三证"不全、没有"三证"号的农药。此外，农药的外包装也要仔细检查，不要购买标签和说明书识别不清或无正规标签的农药。

(二) 看产品外观及标签

(1) 观察产品的外观。如果粉剂、可湿性粉剂、可溶性粉剂有结块现象，或乳油不透明，或水剂有混浊现象，或颗粒剂中粉末过多等，这些都是失效农药或低劣农药，不要购买。此外，农药的一药多名或一名多药要注意，购买时不要选错，特别是杀虫剂。如大功臣、一遍净、四季红、扑虱蚜和吡虫啉等，都为10%的吡虫啉可湿性粉剂，属一药多名；而同叫稻虫净的农药，有的为菊酯类农药与有机磷农药的复配剂，有的为杀虫单与苏云金杆菌的复配剂，有的为几种有机磷农药的混剂等，虽药名相同，却有截然不同的有效成分。

根据农药外包装认清农药种类：黑色为杀菌剂，绿色为除草剂，红色为杀虫剂，蓝色为杀鼠剂，黄色为植物生长调节剂。

(2) 观察标签的内容是否齐全。标签和说明书应包括有效成分及含量、农药名称、剂型、农药生产许可证号或者农药生产批准文件号、农药登记证号或农药临时登记证号、生产日期、产品标准号、产品批号、企业名称及联系方式、有效期、重量、用途、产品性能、使用技术和使用方法、注意事项、毒性及标识、中毒急救措施、贮存和运输方法、农药类别、象形图等内容。进口农药产品直接销售的，可以不标注产品标准号、农药生产许可证号或者农药生产批准文件号。购买农药看清标签，要仔细阅读标签安全科学使用农药知识图解。不要购买和使用农药标签模糊不清，或登记证、生产批准证和产品标准号码不全的农药。

（三）看使用范围

一是购买农药时要根据需要防治的农作物病虫害等，选择与标签上标注的防治对象和适用作物一致的农药，不要购买与需要使用的作物或防治对象不符的农药。二是核实所标注农药的施用方法是否适合自己使用。三是可供选用产品有几种时，要优先选择毒性低、用量少、安全性好、残留小的产品。禁止在蔬菜、水果、茶叶和中草药材上使用高毒、剧毒农药。

（四）看生产日期、有效期及净含量

农药标签上应当有生产日期及批号标注。生产日期应当按照年、月、日的顺序标注，用四位数字表示年份，用两位数分别表示月、日。不要购买未标注生产日期的农药。

农药标签上应当有有效期标注，只有在有效期内的农药效果才有保证。有效期有三种表示方法，分别是有效日期、产品质量保证期限和失效日期。判定产品是否还在质量保证有效状态要根据生产日期和有效期。不要购买没有生产日期或已过期的农药。

农药标签上应当标明产品的净含量，并使用国家法定计量单位。液体农药有的以质量单位克（g）或千克（kg）表示，有的以体积单位毫升（mL）或升（L）表示。固体农药一般以质量单位克（g）或千克（kg）表示。特殊产品根据其特性以适当方式表示。要加以区别不同产品的净含量，不要购买净含量未标注或标注不明确的农药。

（五）看价格

市场上有种类繁多的农药，即使属于同一品种，也往往会因不同生产厂家、不同包装、不同含量、不同重量有很大的价格差异。在选购农药时，要综合考虑到这些因素，根据需要施用农药的农田面积、施药量和次数，估算所需要购买的农药的量和价格。

首先，对每亩要使用的农药的费用做到心中有数，用以下公式进行计算：

$$每亩农药费用 = \frac{每包装价格 \times 每亩次用药量}{每包装量} \times 次数$$

例一，农药 A 与农药 B 为防治某种虫害的不同包装和含量的同一种农药。

农药 A：每包 25 克、市场价格 1.0 元，每亩每次用药 50 克，需要用 1 次。

农药 B：每包 20 克、市场价格 1.5 元，每亩每次用药 20 克，需要用 1 次。

从每包的含量和价格上，农药 B 的每包价格比农药 A 每包的价格贵 0.5 元，而且每包重量比农药 A 少 5 克，折合成每克的价格，农药 B 每 10 克需要 0.75 元，而农药 A 每 10 克只需要 0.40 元。但每亩的防治费用农药 A 比农药 B 的费用要贵 0.5 元，计算方法如下：

$$农药 A 每亩费用 = \frac{1 \times 50}{25} \times 1 = 2.0（元）$$

$$农药 B 每亩费用 = \frac{1.5 \times 20}{20} \times 1 = 1.5（元）$$

例二，农药 A 和农药 B 均可用于防治某种虫害。

农药 A：每包 20 克、市场价格 0.5 元，每亩每次用药 40 克，一共需要用 5 次。

农药 B：每包 20 克、市场价格 0.8 元，每亩每次用药 40 克，一共需要用 2 次。

按照每包的价格，农药 A 比农药 B 每包便宜 0.3 元，使用一次的费用农药 A 比农药 B 少 0.6 元。但对某害虫的整个防治费用，农药 A 每亩的费用是 5 元，而农药 B 每亩的费用是 3.2 元，选用农药 B 节省 1.8 元。计算方法如下：

$$农药 A 每亩费用 = \frac{0.5 \times 40}{20} \times 5 = 5（元）$$

$$农药 B 每亩费用 = \frac{0.8 \times 40}{20} \times 2 = 3.2（元）$$

三、农药的保管

正确保管农药是安全合理使用农药的重要环节。如果保管不当，农药会变质失效，造成经济损失，一些易燃、易爆的农药还可能引起火灾、爆炸事故。如果保管混乱，会导致农药被错用，不但达不到防治效果，甚至还会有严重的事故发生或其他危害，对经济造成重大损失，对人畜有潜在的危险性。我国历年由农药中毒引起的死亡人数中，服用农药死亡人数占比例很大。因此，必须妥善保管农药。

（一）仓库保管

农药保管最基本、最重要的保障方式是仓库保管，其贮存量大，贮存品种多，贮存期比较长。但这种贮存须遵循以下几点。

（1）保管人员应是文化程度在初中以上、经过专业培训掌握一定农药专业知识、持有上岗证的健康成年人。

（2）每种产品必须有合适的包装，包装要符合规定及有关标准。

（3）要在凉爽、干燥、通风、避光且坚固的仓库中贮存农药。

（4）不应在贮存农药的仓库中放食品、饲料、种子以及其他与农药无关的物品。

（5）不允许儿童等无关人员及动物随意进入贮存农药的仓库。

（6）在贮存农药的仓库中不允许吸烟、吃东西、喝水。

（7）仓库中的农药要按杀虫剂、杀菌剂、除草剂、植物生长调节剂、杀鼠剂和固体、液体、易爆、易燃及不同生产日期等不同种类分开贮存。

(8) 贮存的农药包装上应有完整、牢固、清晰的标签。

(9) 仓库的农药要远离火源，并备有灭火装置。

(二) 分散保管

分散保管是一种少量、短期保管形式，应注意以下几项。

(1) 保存量和保存时间应根据实际需要尽量减少，避免积压变质。

(2) 应贮放在干燥、阴凉、通风且儿童和动物接触不到的专用橱柜中，并要关严上锁。

(3) 禁止与食品、饲料混放。

(4) 贮存的农药包装上应有完整、牢固、清晰的标签。

第二节　农药的残留控制

一、农药残留的概念

农药残留是指农药使用后残存在生物体、农副产品和环境中的微量农药原体、降解物、有毒代谢物和杂质的总称。残存的数量叫残留量，表示方法是每千克样品中有多少毫克。农药残留主要有对农副产品和环境两个方面的危害。在农作物、牧草上残留的农药会对人畜健康造成影响，引起中毒事故。残留在土壤中的农药因易被作物吸收，或渗入地下水，或被雨水、灌溉水带入河流，从而引起中毒。在土壤中的富集的农药残留也会对后茬作物产生药害。

世界卫生组织（WHO）和联合国粮农组织（FAO）对农药残留限量的定义为：按照良好农业规范（GAP），直接或间接使用农药后，在食品和饲料中形成的农药残留物的最大浓度。该数值的获取过程是：首先根据农药及其残留物的毒性评价，按照国家颁布的农药管理条例，适应本国各种病虫害的防治需要，以严密的技术监督、有效防治病虫害为前提，在取得的一系列残留数据中取有代表性的较高数值。它的直接作用是限制农产品中农药残留量，对公民身体健康起到保障作用。在世界贸易一体化的今天，农药残留限量也成为各贸易国之间重要的技术壁垒。

一般情况下按照农药标签推荐的施用方法和时间、使用次数或剂量施用后，农产品中的农药残留是不会超过国家标准规定的。如果在农药使用过程中不按照规定，农产品中的农药残留就可能会超标，并对人畜的健康造成危害。近年来，影响我国农产品质量安全和国际贸易的重要因素就是农药残留超标。

二、农药残留的原因

喷洒在作物上的农药，其中一部分在作物上附着，一部分散落在土壤、大气和水等环境中，植物又会把环境残存的农药中的一部分吸收。残留农药直接通过植物果实或水、大气到达人畜体内，或通过环境、食物链最终传递给人畜。导致和影响农药残留的原因有很多，其中影响农药残留的主要因素有农药性质、农药的使用方法以及环境因素。

（一）农药性质与农药残留

现已被禁用的汞、有机砷等农药，由于其代谢产物汞、砷最终无法降解而残存于环境和植物体中。

被禁用的滴滴涕、六六六等有机氯农药和它们的代谢产物有稳定的化学性质，在农作物及环境中消解缓慢，同时容易积累在人和动物体内的脂肪中。所以虽然有机氯农药及其代谢物并没有很高的毒性，但它们仍然存在残留问题。

有机磷、氨基甲酸酯类农药没有稳定的化学性质，在施用后，容易受外界条件影响而分解。但有部分高毒和剧毒品种存在于有机磷和氨基甲酸酯类农药中，如甲胺磷（已禁用）、涕灭威（在部分范围禁用）、对硫磷（已禁用）、水胺硫磷（2024年9月1日禁用）、克百威（在部分范围禁用）等，如果在生长期较短、连续采收的蔬菜施用，则很容易造成残留量超标，使人畜中毒。

另外，虽然一部分农药本身具有较低的毒性，但其代谢物或生产杂质含有较高残毒。如三氯杀螨醇（已禁用）中的杂质滴滴涕、丁硫克百威（在部分范围禁用）主要代谢物克百威和3-羟基克百威、二硫代氨基甲酸酯类杀菌剂在生产过程中产生的杂质及其代谢物乙撑硫脲等，毒性都较高。

农药的挥发性、内吸性、水溶性、吸附性对其在植物、水、大气、土壤等周围环境中的残留有直接影响。

（二）环境因素与农药残留

光照、温度、降雨量、土壤酸碱度及有机质含量、微生物、植被情况等环境因素也对农药的降解速度有不同程度的影响，对农药残留造成影响。

（三）使用方法与农药残留

一般来讲，悬浮剂、乳油等用于直接喷洒的剂型对农作物的污染相对较大。由于粉剂容易飘散而对环境和施药者有更大的危害。每一个农药品种都有其对应的防治作物、防治对象，有其合理的使用次数、施药时间、施药量和安全间隔期（最后一次施药距采收的安全间隔时间）。合理施用农药能在有效防治病虫草害的同时，降低农药对农副产品和环境的污染，减少浪费，而滥用农药，不加节制，必然会对农产品造成污染，对环境造成破坏。

三、农药残留的危害

世界各国都存在农药残留问题，只是程度有所不同，农药残留主要有以下几方面危害。

（一）对健康的影响

农药残留含毒量高的食物被食用，会引起人畜急性中毒事故。农药残留超标的农副产品被长期食用，可能会引起人和动物的慢性中毒，甚至会对下一代造成影响。

（二）药害影响农业生产

农药的不合理使用会使药害事故频繁发生，引起大面积减产甚至绝产，对农业生产造成严重影响。尤其是土壤中残留的长残效除草剂，会造成巨大的危害。

（三）农药残留影响进出口贸易

世界各国，特别是发达国家高度重视农药残留问题，对各种农副产品中农药残留的限量标准有越来越严格的规定。很多国家把农药残留限量视为技术壁垒，对农副产品进口进行限制，保护农业生产。

四、控制残留的注意事项

（一）注意栽培措施

一要选用品种要抗病虫；二是轮作要合理，减少土壤病虫积累；三要培育壮苗，密植合理，灌溉施肥要合理；四要采用土壤消毒和种子消毒，将病菌杀灭；五要采用味诱、灯诱等物理方法，将害虫诱杀，如用灯光诱杀斜纹夜蛾等鳞翅目及金龟子，用性诱剂诱杀小菜蛾、斜纹夜蛾、甜菜夜蛾，用黄板诱杀蚜虫、粉虱、斑潜蝇。

（二）采取生物防治方法

充分发挥田间天敌控制害虫的作用。首先选用的栽培方式要适合天敌生存和繁殖，保护天敌的生存环境，例如果园生草栽培法。其次要注意，一旦发现害虫危害农作物，应尽量避免使用对天敌杀伤力大的化学农药，应优先选用生物农药。常用生物农药种类有：苏云金杆菌生物杀虫剂和抗生素类杀虫杀菌剂，如农用链霉素、甲氧基阿维菌素、阿维菌素、井冈霉素、农抗120、浏阳霉素等；保幼激素类杀虫剂，如灭幼脲、氟啶脲；植物源杀虫剂，如苦参碱、百部·楝·烟乳油等；昆虫病毒类杀虫剂，如苜蓿银纹夜蛾核型多角体病毒。

(三) 选用低毒、低残留的化学农药

在生物农药难以控制的农作物生长后期，进行防治时可用这类农药。多杀霉素（菜喜）、茚虫威（安打）、虫酰肼（美满、阿赛卡）、烯酰吗啉（安克）、氟虫腈（锐劲特）、虫螨腈（除尽）、菊酯类、伏虫隆（农梦特）、吡虫啉（蚜虱净）、辛硫磷、噁霜·锰锌（杀毒矾）、亚胺唑（霉能灵）、霜脲·锰锌（克露、克丹）、腐霉利、异菌脲、丙环唑、哒螨灵、甲霜灵、嘧菌胺（施佳乐）、多菌灵、氢氧化铜（可杀得）等农药比较适用。严禁使用高毒高残留农药，如甲基对硫磷、克百威、氧乐果、甲拌磷、甲胺磷等。要选用适合的农药，适时使用，严格控制使用次数和浓度，合理使用施药方法，注意轮换使用不同种类农药，防止病虫抗药性的产生，严格执行安全间隔期。

第三节　农药的安全使用技术

正确施用农药可以充分发挥农药的作用，有效防治有害生物，避免盲目增加用药量，降低农业成本，减少环境污染。合理正确使用农药要做到以下几点。

（1）要认真阅读标签，按要求穿戴防护用具。阅读标签时要仔细认真，即使对此种农药非常熟悉，也容易忘记细节，而且标签也常常修订，所以阅读时仍需认真。如果要求穿戴保护装备和防护服，不管穿着有多不舒服，为了安全也要忍耐。

（2）要经常校准施药器械，浓度和施用剂量要在标签上制定的用量或植保部门的推荐用量的范围之内。施用器械要准确校准，计算目标面积用药量的关键是施药器械的出液量。

（3）正确使用施药器械。确保施药器械状态良好、干净，运行正常。施药器械运行不正常，不仅会对施药人员有危险，而且可能会对作物和环境造成危害。在施药过程中浪费额外的时间去调整和修理设备，会使农药在外暴露过度。不能用嘴吹吸堵塞的喷头、软管或管线，应采用其他方法修复。

一、农药使用的安全准则

在农药使用过程中，除了穿戴防护服外，农药的安全使用必须遵循以下原则。

（一）准确计算施药量和施药液量

药量一般指单位面积用量，常以每亩或每公顷多少克（或千克）或多少毫升（或升）来表示。浓度是指农药加水稀释后的浓度，一般以多少倍液来表示。要做到适量用药，必须先读懂农药标签说明书，严格按照说明书上的要求用量。随意增减农药用量和浓度，高了则易发生药害，引起残留，污染环境；低了则影响药效。

施药量和施药液量可以根据农田面积和作物种类预先准确计算。施药量的计算可以参考有关手册，或参照已有的经验。我国已有大量植物保护手册出版，都可供参考。最好参考各地区所出版的手册，以便更符合当地的实际情况。因为在不同地区同一种病虫草的发生发展规律会有所变化。要特别注意对除草剂的使用，特别是磺酰脲类和均三氮苯类除草剂及当地尚未用过的药剂，最好不要轻易照用其他地区的使用经验。

施药液量的多少根据植株的生长状况决定，植株生物量大，施药液量相对就多。病虫害往往发生在作物的不同生长时期，因此，也要相应地调整施药液量。施药液量的多少对农药用量有直接影响。用户最清楚自己的农田情况，注意积累每次施药的经验即可掌握。

施药者在农药配制时直接接触尚未稀释的高浓度农药，沾染农药风险的机会最大，需要特别注意农药配制时的安全性问题。根据我国农村各地的情况，配药时最容易沾染农药有两个方面的原因。

首先，开瓶取药时，一般不会使用专用的移取药液的工具，而是从药瓶中直接倒出。很多都是直接倒入喷雾器中，药液在这时极易流淌到喷雾器桶身，并且会顺瓶口流淌到药瓶瓶颈和瓶身，这种现象极易造成操作人员同药液尤其是高毒农药接触，因此很容易发生污染和中毒。

其次，取药时不戴防护手套，农药原药更容易同手接触。因此，用户在进行农药配制时必须坚持戴防护手套。手套可选用薄膜橡胶材质。

（二）农药喷洒时的安全性问题

农药在喷洒时已经加水稀释，中毒风险性已降低了很多，但高毒农药药雾飘洒到操作人员身上仍有中毒危险。所以，喷洒高毒农药时必须穿戴防护服，尤其必须防护鼻、眼、口等特别敏感部位。

同时，必须注意喷雾时发生的药液滴淌问题。背负式手动喷雾器在我国目前仍大量使用，这种喷雾器的许多部位容易有药液渗漏，特别是开关、握柄、药液箱盖和药筒顶部。此外，各部分的接口处也容易因垫圈损坏而发生渗漏。渗滴水量比较大，药液渗透防护服接触人体也有比较大的概率，因此喷雾器械在使用前必须仔细检查，确保不会有药水渗漏的情况发生。操作人员喷洒药液时应从农田的上风向开始，使喷头在下风向。在施药作业现场必须有肥皂和足够的清水供清洗之用，并且不可与饮用水放在一起。

（三）施药作业结束后的处理

1. 常规施药田块的处理　田块施药之后，作物、杂草上都有一定量的农药附着，一般经过 4~5 天后会基本消失。因此，施用过农药的田块应该树立明显的警示标志，在施药后的一定时间内，人畜禁止进入。

2. 施用过高毒农药田块的处理　棉田施用过高毒农药之后，人畜在 3~5 天内都不可进入。施药后的稻田要巡视田埂，防止田水渗漏和溢出对水源造成污染，田水在 3 天内不放出。设置警示牌，标明施药日期、农药名称、禁止进入的日期。

3. 注意与农药安全间隔期的区别　农药安全间隔期与施药后禁止进入期不要相混淆。安全间隔期是从施药至农作物收获之间必须经过的日期，以确保农作物上的农药残留降解到允许水平之下，保证消费者的安全。同一种农药在不同作物、不同剂量、不同施用部位的安全间隔期是不一样的。施药后禁止进入期是从施药后至可以进入之间的时间。

二、农药的科学施用

（一）掌握农药性能，合理选用农药

农药有非常多的种类，有不一样的性能作用，因此选用农药要针对不同的防治对象，才能达到好的防治效果。一般来讲，杀虫剂用于杀灭有害昆虫，除草剂用于铲除杂草，杀菌剂用于预防和杀灭病原菌等。如果将杀虫剂用于杀菌，不仅起不到杀菌的作用，还会增加防治费用，对环境造成污染。

一些农民朋友在使用农药时，用药量、用水量和施药次数往往随意增加。其实，要达到理想的防治效果，按照农药标签规定的用药量和施药次数用就可以了。

防治效果还取决于施药的质量，即药效的发挥程度和药液均匀的覆盖度。如在喷施杀虫剂、杀菌剂时，要注意使植株叶正面、背面都均匀地附着药液，否则，死角中的残卵、残菌很容易形成新的

虫源和菌源，引起再次暴发，药液应该均匀喷到作物上，以不往下滴为好。喷施土壤封闭除草剂仲丁灵时，土壤墒情差，必须加大施药液量，以便形成封闭膜，否则药液只呈点状分布，达不到封闭除草的效果。

农药使用剂量和施药次数一味加大会使病原菌、害虫和杂草的耐药性增强，不仅增加施药成本，对药效的发挥造成影响，还会出现药害和农产品农药残留超标现象。因此，用药时应该严格按照农药产品标签规定，并注意合理轮换使用农药。

（二）掌握防治的关键时期，及时用药

施药要避开敏感作物和作物的敏感期，以防止药害发生。要根据药剂的不同特性和病虫害的发生特点，选择最佳用药时期。一般施药在病虫害发生初期，如棉花枯萎病应在病害初期用杀菌剂灌根，稻飞虱、甜菜夜蛾等应在卵孵盛期或低龄幼虫期防治。大面积暴发后，即使多次用药也不易控制，就很难挽回损失。针对生物农药药效较慢的特性，施用期可以适当提前。因此，多数农药不是效果不好，而是最佳施药时间没有选对。农作物在生长过程中，会受到不同有害生物的危害，如水稻在生长时期，不仅受到稻曲病、水稻纹枯病、稻瘟病等病害的影响，而且还会受到稻飞虱、螟虫、稻纵卷叶螟等害虫的侵扰，也会同鸭舌草、千金子、稗草、莎草等杂草竞争营养。这些有害生物的发生时期不同，因此，要针对不同生长阶段的不同防治对象及时用药防治，将农药用在"刀刃"上才能有良好的防治效果。如在杂草萌芽期或三叶期以前使用除草剂效果最好；

水稻穗颈瘟宜在水稻始穗至齐穗期施药；防治水稻二化螟，宜在幼虫初孵期施药。

（三）合理轮换和混用农药

长期使用某一种农药防治某一种病虫，就会产生抗药性；而如果轮换使用不同品种而性能相似的农药，防治效果就会提高。农药的合理混用不但可以提高防效，而且防治对象还可以扩大，延缓病虫产生抗药性。但不能盲目混用，否则不仅造成浪费，还会使药效降低，甚至造成人畜中毒等。

混用时，必须注意：一是遇碱性物质分解、失效的农药，不能与碱性农药、肥料或碱性物质混用，一旦混用这类农药就会很快分解失效；二是混合后出现乳剂破坏现象的农药剂型或肥料，不能相互混用；三是混合后产生絮结或大量沉淀的农药剂型，不能相互混用；四是混合后会有化学反应产生，以致引起植物药害的农药或肥料，不能相互混用。

在田间混用复配农药应遵循以下原则和要求：

1. 不起化学变化 两种混用的农药不能起化学变化。农药的生物活性的基础是有效成分的化学结构和化学性质，所以要特别注意混合后有效成分、溶剂、表面活性剂等的相互作用而产生的化学变化。这种变化有可能对有效成分的分解失效有影响，如拟除虫菊酯类杀虫剂和二硫代氨基甲酸酯类杀菌剂在较强碱性下也会分解；有机磷类和氨基甲酸酯类农药对碱性条件都比较敏感；有机硫杀菌剂大多对酸性反应比较敏感，混用时要慎重。总之，不能把两种或两种以上的农药混用当作简单的事情。首先要研究它们的化学结构和性质，其混合后的生物效果要通过科学合理的试验证明，对人畜、环境保证安全，防止或延缓病菌或害虫产生抗药性。

2. 物理性状不变　混用时应保持农药物理性状不变，使混用的农药药效得以发挥，防止因物理性状的改变而产生药害。两种农药混合后产生分层、沉淀和絮结，或者混用后有乳状破坏出现，悬浮率降低甚至会析出结晶，这些情况下不能混用。

3. 毒性不应增加　不同农药混用对人、畜、家禽和鱼类的毒性不应增加，对其他有益生物和天敌的危害也不应增加。混用农药品种要具有不同的防治靶标和不同的防治作用方式。农药混用的目的之一就是兼治不同的防治对象，以达到扩大作用的目的，所以要求混用的农药具有不同的防治靶标。另外，农药进行混用时要根据农药作用方式选择，如杀卵剂或具有杀卵活性的杀虫剂与不具有杀卵活性的杀虫剂混用。

4. 能增加药效　不同种农药混用的目的是在药效上有增效。农药混用的目的与原则之一是要达到增效作用。农产品的农药残留混用后应降低。

5. 降低成本　农药混用应能降低人工、资金、时间等成本。

（四）搞好肥水管理，提高防治效果

肥水的管理与水稻病虫草害的发生有密切关系，如平衡施肥有利于增强农作物的抗逆性，抵抗病虫侵害，而偏施氮肥，病虫的发生程度会加重。施用除草剂后保持浅水层，对除草剂药效的发挥有帮助，杂草中毒死亡速度加快。因此要做到科学用药，提高防治效果，搞好肥水的管理。

（五）温室施药注意事项

温室环境特别小，在温室内施用农药会有一些特殊问题存在。一般情况下，工人工作时必须在温室内，空间十分有限，而且在一定程度上工作人员与植物和其他处理过的表面一直都有接触。为了保持温室处于理想的温度，温室的通风系统经常保持在最小的状态，水雾、露水、烟雾以及灰尘会相对较长时间残留在空气中，对人危害更大。

由于空气在温室内流动量减少，没有雨水的冲刷、稀释或结合产生化学变化降解，以及温室的玻璃对紫外线光的过滤作用，在温室内作物或其他物体表面上施用的农药比露地上的分解速度慢。

为使施药人员和作物的安全有保障，温室内施用农药时应注意下面几点。

（1）农药要选择对病虫害高效而对人体和动物危害最小的。

（2）当施用有毒农药尤其是施用熏蒸剂时，施药者应穿上防护服，戴上防毒面具。

（3）施用高毒农药如熏蒸剂后，要把警告标示贴在温室的所有出入口，禁止随意进入。

（4）标签上有要求通风的，按照要求的时间在温室通风之前，未穿戴防护服和防毒面具的人员禁止进入。

（5）温室内工作人员应该避免皮肤接触处理过的作物和其他物

件表面，以减少过敏反应、对皮肤的刺激和农药通过皮肤的渗入。如果做不到，应当穿戴防护服，并经常清洗。

三、残余药液及废弃农药空包装的安全处理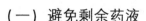

（一）避免剩余药液

喷药前应仔细阅读标签，了解以下信息。

（1）每亩用药量。

（2）农药的稀释倍数。

然后根据要施药作物的面积，计算出正确的所需药液量，再准确地量取或称量所需用药，将其稀释为所需要的浓度和药液量，确保使用完所配药液。

（二）剩余药液的处理

结束施药后，如果还没有用完喷雾器中的药液，要妥善处理，避免对环境造成污染。可按照以下方法对剩余药液进行处理。

（1）在另一块适用的作物上把药液喷完。

（2）剩余药液加10倍水稀释后倒在喷过药的地里，但这块地必须在施药前施用该药没有过量，以避免土壤中农药残留超标和农作物中农药残留超标危害作物。

（3）严禁倒入堰塘、沟渠及水库等。

有毒害的化学品一般都会沾在农药包装废弃物上，很多农民都会习惯地将农药空瓶、空袋等农药包装废弃物随意丢弃在沟边、河流、田间、地头、渠旁。这些随意乱扔的农药空包装，会对土壤、空气和水体造成污染，下雨后更会形成径流污染，对人类和环境有极大的危害。

农药空包装的大量丢弃，对人们的生存环境和生产环境造成严重污染，危及人们的身体健康，对农业生态平衡造成危害，影响农产品质量安全和农产品产地环境安全，是农业可持续发展的障碍。因此，农药空包装的处理必须安全妥善。

(三) 农药空包装的安全处理程序

农药空包装的安全处理有三个程序：农药空包装的清洗、农药空包装的回收和农药空包装的无害化处理。

1. 农药空包装的清洗　田间施药时，刚用完的农药空包装应及时清洗3次。

清洗步骤为：盛上足够的清水在小盆、水瓢等容器里，在水中反复摇荡、清洗农药空包装，清洗后的水倒入喷雾器中使用。反复进行3次，空包装中的残留农药即可减少到最低限度，使有毒农药空包装变为低毒或无毒。

(1) 容量1升及1升以下的塑料瓶或玻璃瓶，药用完后应清洗3次，清洗的水倒入喷雾器中使用，避免浪费。

(2) 在田间使用的各种规格的农药空袋和空瓶，经过3次清洗后，装入塑料袋中带离田间，交到指定的地方，如村建的垃圾池、废弃物回收池和农药的空包装回收桶等。

（3）直接装药的中小包装铝箔袋，用完后应清洗3次，清洗的水倒入喷雾器中使用，避免浪费。

2. 农药空包装的回收　近几年，农业部全国农技推广服务中心和植保（中国）协会合作，在四川省和云南省等地开展了农药空包装的安全回收处理试运行项目，对农药空包装的回收处理办法进行摸索。无偿回收和有偿回收农药空包装回收模式正在试行：

（1）无偿回收模式。由地方政府发文，要求各农药店设置农药空包装回收桶（或箱）。

乡村清洁工程和城乡环境综合整治相结合，在农村修建农药废弃物垃圾池、回收池，建立农药废弃物回收点，教育和鼓励农民将清洗过的农药空包装归位到指定的场所。

（2）有偿回收模式。由地方政府出资，在各行政村有县（区）、乡、镇农业部门指定的专人，将本村农药包装废弃物收集，交送至所在乡镇的定点回收点，再转运处置。

例如上海市农委、财政局和环保局联合发布的《全市农药包装废弃物回收和集中处置的试行办法》，提出政府财政扶持，统一回收、转运及处置抛弃在田间地头的农药空包装。

农药行业协会同地方政府相关部门合作，组织社会力量筹集资金和物资，鼓励农民将清洗过的农药空包装交到指定地点。兑换安全施药用的毛巾、防护衣、手套、口罩、防护面罩、肥皂、洗衣粉、香皂等。

3. 农药空包装的处置　农药空包装的回收无论是用哪种模式，都应分类、打包、妥善存放，定期由地方政府的环卫部门集中清运，为了达到无害化处理，就近运到垃圾处理场或水泥厂进行高温焚烧。以上条件还不具备的，可进行深坑填埋，但要在在远离住宅和不可能污染水井和水源的地方。

4. 大容量农药空包装的处理　大容量包装农药的数量随着农作物病虫害专业化防治进程的推进会有所增加。有资质的企业组织要回收这些经过 3 次清洗或喷洗后的大塑料桶或大的包装袋。在干燥、安全的库房里贮存，再根据实际情况将其合理地处理。

四、安全施药的注意事项与意义

（一）安全施药的注意事项

（1）禁止老、弱、病、残、孕、小孩和哺乳期妇女接触和使用农药。

（2）施药人员要穿戴好防护用品，如口罩、手套、专业防护服等，如果没有，至少应戴帽子、手套，穿胶鞋，穿轻便的长衣、长裤。高毒农药施用时应戴面罩、护目镜，避免农药进入眼睛、接触皮肤或吸入体内。

（3）不准在施药期间进食、饮水、吸烟；堵塞的喷头不要用嘴去吹，应用牙签、草秆或水来疏通。

（4）施药时间、地点。施药前应事先告诉蚕农、蜂农等，施药后做好警示告知禁止无关人员靠近或进入施药现场，特别是熏蒸施药和放烟施药现场，避免对人产生毒害。施用颗粒剂或种子处理剂

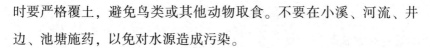

时要严格覆土，避免鸟类或其他动物取食。不要在小溪、河流、井边、池塘施药，以免对水源造成污染。

（5）不要在下雨、高温、作物上有露水、刮风、沿海地区遇有海雾时施药；在上风位置施药，禁止逆风施用，否则药雾飘洒到施药人员身上易有污染中毒危险发生。每次喷药时间要在 4 个小时之内。

（6）脱去防护用品前用水冲洗，以免污染面在脱下时与皮肤接触。事先准备好塑料袋，将脱除的防护用品装进去。施药后要用肥皂洗澡、洗衣，清洗时注意将防护服和其他衣物分开。分开存放口罩、手套等防护用品与其他生活用品。冲洗施药器械时不要在小溪、河流、井边、池塘，以免污染水源。

（二）农药安全使用的重要意义

农药的安全使用意义包括以下四方面的内容。

1. 对施药者的安全　施药时，如果施药者没有采用必要的安全防护措施，如不戴防护口罩手套、施药时喝水吃东西、不穿防护服，或施药后不用肥皂洗手等，容易发生农药中毒或死亡事故。因此在施药时，施药者要做好安全防护，避免夏季在中午高温时作业，禁止连续疲劳作业，要加强对农药的保管，防止因误食、误用等发生非生产性中毒事故，施药后注意清洁。

2. 对作物的安全　对作物的安全包括对当季作物的安全和对下季作物的安全。不用正确的方法和未严格按照要求施药易引起农作物的受害，如落果、落叶、灼伤等。有些除草剂长残留，虽然不会影响当茬作物，但是，农药过长时间残留在土壤中，在轮作农田中对后茬敏感作物有严重药害。

3. 对环境的安全　对环境的安全包括对非靶标生物，如禽畜、鸟类、蜜蜂、鱼虾和天敌等的安全，也包括对大气、地下水等自然资源的安全。使用农药时，要避免对水源和环境造成污染，使用合适高性能的喷洒工具。农药包装物必须清洗 3 次以上放置好，再到远离水源的地方掩埋或焚烧。

4. 对消费者的安全　食用农药残留超标的农产品有可能引起急性中毒、死亡事故，也可能导致其他慢性中毒。而且，农药残留超标对我国农产品出口创汇有严重影响。

第四节　农药安全使用的操作方法

一、喷雾法

在农药的使用方法中，喷雾是最常用的方法。因为绝大部分农药均加工为可喷雾用的剂型，如乳化剂、水剂、可湿性粉剂、浓悬浮剂、超低容量喷雾剂等。

喷雾法就是把液态的农药以细雾珠状态喷洒到农作物上或其他处理对象上。药液分散成为雾滴，雾滴的粗细可以在很宽的范围内变化。这种变化取决于多种因素，主要是喷雾方法和器械的结构与性能。

（一）雾化的原理

雾化原理有多种，在农业上应用最广的是 3 种雾化原理。

1. **液力式雾化** 对药液施加压力使它通过一种经过特别设计的喷头而分散成为雾滴喷出。这种喷头也称为液力式喷头，是当前国内外使用最普遍的一种。这种类型的喷头能把受压的药液展开成为液膜，然后液膜自行破裂而形成雾滴。所以，这种雾化方法也称为液膜破裂雾化法。这种雾化方法的特点是喷雾量很大，但是雾化不均匀，雾滴的粗细程度差异很大。例如，常用的工农-16 型手动背负式喷雾器，雾滴最细达到数十微米或更细，最粗的可达到 400 微米以上。

我国目前各地所使用的压缩压式喷雾器、单管喷雾器、背负式喷雾器、喷枪、工农-36 型喷雾机以及拖拉机牵引的喷雾设备，都采用了这种雾化原理。这种雾化方法由于雾滴粗、喷雾量大，因此通称为大容量喷雾法。

液力式雾化法喷出的雾滴粗，但通过提高喷雾压力可以使雾滴变细。机动喷雾器的压力很大而且可调，因此可通过调节压力来控制雾化性能。但手动喷雾器，因受人的体力所限，提高压力的幅度很小。踏板手压式喷雾器的压力比背负式喷雾器的压力则大得多，雾化性能也明显提高。

2. **气力式雾化** 经过专门设计，利用压缩空气所提供的高速气流对药液进行雾化。

这种雾化原理能产生比较细而匀的雾滴，而且在气流压力波动较大的情况下雾滴的细度变化不大，这是气力式雾化法的一个重要优点。在农村劳动力强弱差别很大的情况下，这种雾化法能保证喷雾质量的相对稳定，而液力式雾化法的喷雾质量受劳动力强度的影响很大，强劳力喷得较好而弱劳力喷得就很差。就是同样的强劳力，如果不按照操作要求持续打压而打打停停地喷药，对喷雾质量的影响也很大。许多人甚至把常规液力喷雾器可以打打停停作为一种优点，这是一种误解。

3. **离心式雾化** 利用圆盘高速旋转时产生的离心力使药液以一定细度的液滴飞离圆盘边缘的细小齿尖而成为雾滴。药液在离心力作用下脱离转盘边缘而伸展成为液丝，断裂后形成细雾。所以此法也称为液丝断裂雾化法。我国各地生产过的额娃式手持电动超低容量喷雾器，就是一种典型的离心式雾化器。在 18 型背负式弥雾喷粉机的喷口部位换装 1 只转盘雾化器，也可以进行超低容量喷雾。

这种雾化方法的雾化细度取决于转盘的旋转速度和药液的滴加速度。转速越高药液滴加速度越慢，则雾化越细。但因为此种雾化器的转速要求很高，一般为 7500 转/分钟以上，要把转速再提高，实际可能性不大（由于耗电和马达的机械性能等限制），所以多采取调节药液流速的办法来调节雾化细度。近 20 多年来，国际上又推出一种静电雾化器，其雾化原理与上法相同，但其中有一种是不带转盘的，是靠静电的高压电场把药液展成液丝，断裂形成雾滴。

除了以上几种雾化原理外，还有利用超声波原理、机械振动原理来雾化的，不过应用的范围很窄，有些作为商品还比较困难。

（二）雾滴的运动和沉积规律

喷雾法的目的是让药液在作物和防治对象的表面上形成农药沉积物，以便充分与防治对象接触而发生作用。所以，喷雾法要求药液在表面上的沉积均匀而且牢固，不易脱落。

药液在生物体表面上的沉积和覆盖有如下两种情况：

1. 液膜覆盖　药液在生物体表面上形成一层连续的液膜。要把农田作物的表面全部喷上一层液膜，需要大量的药液。对于生长中、后期的一般农作物，需要大约 1600 升水才能把每亩地的作物叶片全部喷湿；对于一些枝大叶茂的作物，例如棉花、油菜，需要的喷雾量更大。况且，由于枝叶交叉、互相遮蔽，要把作物各部分的表面全部喷上药液，几乎是办不到的。

目前所采用的大容量喷雾法都属于液膜覆盖喷雾法，喷雾量一般均在每公顷 2250~7500 升，有时甚至更多。

要实现均匀地液膜覆盖，除了需要很大的喷雾量，还必须保证药液能够很好地湿润生物体表面。但绝大部分生物体的表面都覆盖着一层蜡质，不能或不容易被水打湿。所以，如果药液缺乏湿润能力，即便喷到作物表面上，也很容易滚落，不能形成液膜。但是药液的湿润性也不宜过强，否则药液在叶面上的沉积量会降低。因为太强的湿润性往往使药液的表面张力过低，药液在叶面上容易展散成为很薄的液膜，多余的药液很快流失。

叶面上液膜的厚薄意味着农药有效成分的沉积量多少。在一定的药液浓度下，液膜越厚表示农药沉积量越多，反之则沉积量越少。因此，药液的湿润性实际上对农药的有效沉积量发生影响，必须予以重视。各种作物的叶片表面湿润能力不一样。有些很难湿润，如水稻、小麦、甘蓝的叶片，有些则较易湿润，如白菜叶、棉花叶、油菜叶等。不同农药配成喷雾液后其湿润能力也有很大差异：乳剂的湿润能力较强，而很多可湿性粉剂配成的喷雾液往往湿润性很差，这是可湿性粉剂加工时湿润剂加用剂量不足以及湿润助剂的性能不好造成的。所以，在进行大容量喷雾之前，应当对药剂配成的喷雾液湿润性能进行检查。

这里必须注意，即便喷洒了大量药液后实现了液膜覆盖，这种液膜也是极短暂的，因为水分会很快蒸发消失，遗留下来的仍然是分散的药剂颗粒或油珠。

2. **雾滴覆盖** 药液无须全面湿润覆盖作物表面，只要有足够数量的雾滴沉积在叶面上就可以。因为任何一种农药都不必对作物表面全面覆盖严密，即便是大容量喷雾法的液膜覆盖，当喷雾液的水分蒸发以后，残剩的农药有效成分的颗粒或油珠也是分散存留在叶面上，并不能连片形成所谓的药膜。关键在于药剂颗粒在叶面上的分布密度应达到足以控制病虫的程度。各种病虫对各种药剂的颗粒沉积分布密度要求不同。雾粒沉积分布密度与药剂的扩散能力有关，容易扩散的药剂其分布密度可以相对较稀。这种扩散能力称为雾粒的有效半径。对于迁移和活动能力较强的害虫，雾滴或颗粒密度也可相对较稀。但是也要根据所喷洒药液的药剂浓度来决定，超低容量喷雾法，一般要求每平方厘米叶面积内 10~20 个雾滴即可，因为各种超低容量喷洒剂的制剂浓度，一般高达 25%~50%。

低容量喷雾法（包括气力式喷雾法）和超低容量喷雾法的药剂沉积都是雾滴覆盖，不能把作物整株喷湿，否则就会发生严重药害，因为这两种喷雾法的药液浓度均很高。从下面的计算示例中便能明白。

大容量喷雾法一般使用的喷雾量是 50~150 升，药液的浓度一般是 0.01%~0.1%。假定采用 0.1% 浓度（即 0.001 千克/升）和 100 升喷雾量，则每亩实际农药用量为：

100 升×0.001 千克/升=0.1 千克

而超低容量喷雾法一般每亩喷雾量为 300~350 毫升，药剂浓度是 25%~50%。如果采用 25% 浓度剂型，则只需喷洒 400 毫升即可达到每亩用药量 100 克。如果把喷雾量提高到大容量喷雾的水平，即便只提高到 10 升，则农药实际用药量就高达 2500 克了，必定发生药害。可见其问题之严重，用户须注意。

低容量喷雾法一般均系水质喷雾，喷雾液的浓度很高。由于低容量喷雾的喷雾液均由用户自行配制，因此，对于喷雾液的用药量和浓度控制以及喷雾量的掌握应十分重视。

（三）常规喷雾法

常规喷雾法通常是指大容量喷雾法，现在仍是各地最普遍使用的方法。从所用的动力来分，有手动喷雾法、机动喷雾法和航空喷雾法 3 类。航空喷雾法必须由航空喷药技术专业队和专业部门去实施，因此这里不作介绍。

1. **手动喷雾法**　这是以手动方式产生的压力而进行喷雾的方法，是我国最普遍的喷雾方法。这种方法适合于小规模农业结构，尤其适合个体农户使用。

（1）手动喷雾法的原理。所有的手动喷雾法都是根据相同的原则，即利用手动方式操作压动水唧筒，使药水产生压力，通过一特制喷头实现雾化。

药液的压力是通过一间贮气室而获得的。唧筒是一个单向水唧筒，当压动唧筒手柄时，药水即经过唧筒而被压入贮气室，使贮气室内的空气受到压力被压缩，逐渐缩小体积。从贮气室外看到的现象则是药水在贮气室内上升。这时如果药水喷管的开关紧闭，药水就会持续上升，也使气室的压力逐渐增大。

此时如果把药水开关打开，药液受到贮气室内空气压力的压迫就会经过喷管而从喷头喷出。此时若停止摇动压柄，则贮气室内的压力即开始下降。从贮气室外可以看到贮气室内的药水液面开始下降。直到贮气室内药水排空、空气体积恢复原状为止，喷头即不再喷雾。实际上，在停止摇动压柄后，喷头处喷出的药水流量也逐渐减少，雾化性能也同时逐渐减退。肉眼可以观察到雾头越来越小，雾滴越来越粗。如果在打开药水开关后持续摇动压柄，则贮气室内持续受到压力，喷头即可持续喷雾，贮气室内的气压可以保持相对稳定，这样，喷头的喷雾质量也可相对稳定。从贮气室外观察可以发现，贮气室内的药水液面也保持相对稳定。根据设计要求，压柄操作频率为每分钟 25 次左右。

由此可见，使用此种手动喷雾器时不应打打停停，而应持续均衡地摇动压柄。

压缩式喷雾器（如552丙型）也是根据上述原理设计的。但是，它是一种间歇式加压喷雾器，即一次加压后进行喷雾，等到压力下降后再打气加压。它没有专门的贮气室，药水筒的上部留出1/3左右的空间不装药水，就是它的贮气室。这种喷雾器的唧筒是打气唧筒，而不是水唧筒，这是与上述喷雾器不同之处。但是由于在喷雾期间压力会逐渐降低而这种喷雾器不能持续加压，所以它的雾化性能不如上述持续加压式的喷雾器。这种压缩式喷雾器是较老式的喷雾器。单管喷雾器和踏板手压式喷雾器则都是持续加压式的喷雾器，原理与前述相同。

（2）喷头及其工作原理。我国手动喷雾器所用的喷头只有1种，即切向离心式涡流芯喷头，上面4种喷雾器虽然形状和结构各异，但喷头都是相同的。这种喷头的结构简单，制造方便，成本较低。

这种喷头的工作原理是当药液被压进喷头腔时，由于腔中央有1个锥形凸台，药水即从凸台基部顺切线方向绕锥面高速流动并进行加速，当到达锥顶时已接近喷孔，药液便以高速旋转的液流通过喷孔。在喷孔的刃口作用下，药液被剪切成薄层液膜而离开喷孔，液膜破裂后分散成为雾滴。液膜的形成和破裂程度取决于药液具有的压力，而药液的压力则取决于塞杆和活塞的冲程和摇动频率。所以，上述几种手动喷雾器的使用，均须保证它们的操作条件和要求，不可随意操作。

喷头的喷孔片中央部位有一喷液孔。我国的这种喷头最初曾配备有1组孔径大小不同的4个喷孔片，它们的孔径分别是：0.8毫米、1毫米、1.3毫米、1.6毫米。在相同压力下喷孔直径越大则药液流量也越大。用户可以根据不同的作物和病、虫、杂草，选用适宜的喷孔片。过去常有用户误以为流量越小则功效越低，因此自己把小号喷孔片的喷孔加以扩大，结果破坏了喷雾器应有的特性。首先是额定的药液流速受到破坏，因为喷孔越大药液流速越快。喷孔直径为1毫米时，药液流速0.35~0.45升/分钟；喷孔直径为1.3毫米时，药液流速0.55~0.65升/分钟；喷孔直径为1.6毫米时，药液流速0.65~0.75升/分钟。

其次是喷头的雾化性能受到严重破坏，被任意扩大的喷孔失去了应有的工艺形状，使药液的分散变得非常不均匀，并使药液难以展散成为均匀液膜，从而影响了雾化效果。

这种喷头所喷出的雾呈伞状，中心是空的，所以称为空心雾锥。当喷雾进行时，落地的是一个圆形中空雾斑。当喷头摆动时，雾流重叠扫过靶区，因此，第一次已沉积到作物靶标上的雾滴往往很容易被另一侧落下的雾滴所打掉。这是这种喷头喷雾时药液容易发生滴淌现象的原因之一。

近年来发展了一种扁扇喷头，用钢玉瓷烧制而成。喷孔呈梭形槽，中央有1个圆孔，药液在压力下通过此圆孔，在梭形槽的作用下层散成为扇形液膜，并进而破裂成为雾滴。这样形成的雾头是扁平的扇形雾，落在地上呈1条狭长雾带。扁扇喷头因其梭形槽的几何形状、排液孔的孔径与喷雾压力不同而有多种规格，以适应不同的防治要求。

扁扇喷头主要使用在工作压力较高的机动喷雾机具上，雾化性能较好。同时，在机引喷雾器的喷雾横杆上用扁扇喷头，可以编组和配置喷头，通过调节喷头的喷雾角度和喷头的离地高度，可以控制药液在作物上的沉积密度。此种喷头在工业先进国家已成为标准化的系列喷头，广泛应用于各种机动喷雾机上。

激射式喷头所喷出的也是一种扇形扁平雾头，但它是一种压力较小的喷头。主要用于喷洒除草剂，其雾滴较粗，目的是为了防止细雾飘移伤害作物。喷头的结构很简单：药液从圆形喷孔喷出后，撞击在喷孔外的一个弧形表面上，发生撞击反射现象，并迫使药液展散成为扁平扇形雾头，最后碎裂成为较粗大的雾滴。

（3）喷雾操作方法和要求。常规大容量喷雾法虽然喷药量大，操作时似乎比较从容，但是实际上存在的问题很多。

前文已讲到，药液和雾化性能与喷雾时的压力呈正相关。手动喷雾器的压力是不稳定的，与喷雾时的操作技术有关，在各种型号的喷雾器使用说明书中均有明确规定。例如工农-16型背负式喷雾器，最大耐压784千帕，常用294～392千帕。在操作时不可让压力降低很多。根据操作人员的体力，一般应保持在196～294千帕的水平。即气室内的液面应保持在水位线上下，这样才能保持喷头雾化良好。此时可看到雾锥的角度大、雾滴细而飘。如果不能保持上述压力的相对稳定，则雾锥角度小而雾滴较粗而沉。

喷洒时喷头应离开作物50厘米左右，不宜靠得太近。一方面是为了避免雾滴对作物的冲击力量过大，使药液更容易流失，另外在靠喷头近处雾化过程尚未充分完成，因此雾滴较粗大，甚至可能还处于未完全分散的液膜状态。许多棉农在防治棉苗蚜虫时习惯采取喷头贴着棉苗向前推喷的办法，实际上已是药水冲洗而并非喷雾了。所以，对于幼苗期作物喷药，切向涡流芯喷头的空心雾锥是不适用的，应改用窄幅实心雾锥的喷雾器。

在作物生长中、后期喷药时，常采取喷头向上逐行喷洒，以便使药剂能喷到叶背面（如棉花、黄瓜等）。由于行间较窄，或作物已开始封行，这种喷法也会妨碍药液雾化良好，很大程度上也近似于药水冲洗植株了，因此，往往喷雾量很大，每亩棉花田要喷到100~150升药水，黄瓜后期常需喷150~200升药水，流失量均很大。对于中、后期生长郁闭的作物田，应考虑改用机动低容量弥雾法或高效率的高压机动喷雾法，或手动喷雾法。

大容量喷雾法的药水量大，雾滴粗大容易被撞落，所以，在进行田间作业时，要避免人体从已经喷过药的作物中穿过，否则会大量撞落药水。避免的办法是退行喷雾。在不易行走的田里，则可采取一侧喷雾，即行进中只向一侧喷雾，回头时再同样喷洒，使身体总是在喷药区外。

有些地方采取摘去喷杆、喷头的所谓"喷雨"法，让药水从开关口直接喷出。这不是喷雾法，实际是射水，需用水量大，而且流失量更大，所以不宜提倡。

手动喷雾器的喷头喷孔片，应根据作物和病虫情况选用。田间喷雾量少，如各种作物的前期喷药，应选用小号喷孔片，如蔬菜、瓜果等作物的苗期，棉花、油菜等作物的幼株期等。喷雾量增加时应换用中号或大号的喷孔片。

2. 机动喷雾法　机动喷雾法的压力高，而且因为是用机械控制压力和流量，所以雾化性能比较稳定，不会因人而异。对于像工农-36型这种喷雾机来说，除了这个优点，其喷雾方法并无特殊之处，同手动喷雾法一样，但因为压力高、雾化好，雾滴在植株丛中的穿透能力较强，比工农-16型等手动喷雾器要好得多。

车载的机动喷雾机，除了喷雾的机械化，整机的行走也是机械化的。它的行走速度完全可以控制，这就可以把药水的流速与每亩喷雾量准确地加以计算和调控，从而可以使田里的喷药较为均匀、周到。这种车载喷雾机或拖拉机牵引的喷雾机常可带动长达 20 多米的喷杆，上面配置许多扇形雾喷头，经过调节和校准，可达到高度的机械化和自动化程度。

(四) 低容量喷雾法

1. 低容量喷雾法 低容量喷雾法是指每亩喷雾量在 0.5~15 升药水的喷雾方法，超低容量喷雾法则每亩喷雾量在 0.5 升药水以下。这两种喷雾方法都属于细雾喷洒方法。因为雾滴细、施药液量小，所以雾滴在作物上的沉积分布比较均匀，而且不容易发生药水滴淌现象。不仅可以节约大量农药和水资源，节省劳力和能源，而且降低了大量流失的农药对环境发生污染的风险。因此，这是自 20 世纪 50 年代以来国际上大力推广应用的农药使用技术。

低容量喷雾法是利用气流雾化（即双流体雾化）原理进行药液雾化，这种方法所产生的雾滴细而均匀。雾滴的直径大体上相当于常规粗雾喷洒法雾滴直径的 1/4，与常规喷雾法喷洒等量的药液所能产生的雾滴数相比，相当于它的 50~150倍。因此低容量喷雾法只需少量的药水就可以产生大量雾滴，足以取

得满意的雾滴覆盖密度而不会发生药液流失。

由于这种雾化方法所产生的雾滴很细，其雾滴分布情况不容易用肉眼看到，而且是分散分布在叶面上而并不联成液膜，只有用指示颜色或荧光剂在紫外灯下观察才能看到，所以细雾喷洒方法目前还没有被农民所普遍接受，他们已习惯于肉眼看得到的大雾头或大水量喷雾，在作物上形成连片的液膜才比较放心。有些农民误以为细雾喷洒法喷雾量太少，生怕不能保证杀死病虫而不接受这种先进的施药技术。但是通过田间使用效果的现场实际对比，细雾喷洒法的优越性已越来越受到农民的重视。

泰山-18型背负喷雾机就是一种机动的低容量喷洒机具。

2. 很低容量和超低容量喷雾法　与上述低容量喷雾法不同，超低容量喷雾法是利用离心喷头（或称转碟式喷头）的高速离心力把药液抛出转碟的带齿尖的边缘，形成均匀的细雾滴。这种喷洒方法所产生的雾滴的运动能力很小，所以射程很短，在无风的情况下喷洒半径只有0.5米左右。采取这种喷洒方法时，必须在有风的天气下进行，利用风力把雾滴吹散，实施飘移喷雾法。

3WCD-5型手持电动超低容量喷雾机就是用于喷洒超低容量药液的机具。泰山-18型喷雾喷粉机配装了超低容量喷头后也可以用于喷洒超低容量药液。

我国研制的一种手动喷雾器和多用电动喷雾机，也是利用双流体雾化原理进行低容量或很低容量喷雾的机具。喷雾器和喷雾机是小型便携式的轻便型机具，适合于小规模农户在各种复杂地形条件下使用，其雾化细度好于上述两种机具，是一种很低容量喷雾法，换接离心喷头后也可用于超低容量喷雾。

3. 低容量、很低容量和超低容量喷洒法的实施方法　低容量、很低容量和超低容量喷雾的田间操作方法与常规喷雾有很大的不同。常规喷雾是采取针对性喷洒法，而这 3 种则采取飘移喷洒法。所谓飘移喷洒法就是让喷雾机（器）所喷出的雾滴被风吹向下风方向而自然飘落在作物上。喷雾器所行走的距离同雾滴的飘移距离的乘积就是一次喷洒所覆盖的面积，即一个喷幅。由于喷出的雾滴密度远近不同，近处雾滴密度大，越远则密度越小，所以在一个喷幅带上，雾滴的分布是不均匀的。为了提高雾滴沉积的均匀度，必须采取喷幅差位交叠的喷洒方法。

飘移喷洒法的功效要显著高于常规针对性喷洒法，因为操作人员总是站在上风头，农药对操作人员的污染风险也小得多。这里还可以看出，采取这种喷洒方法时，必须了解并掌握当时的风向。在地形比较复杂的地方，采取这种喷洒方法时必须仔细分析当地的气象规律，并同当地的气象部门取得密切联系。

4. 手动喷雾器和电动喷雾机的很低容量喷洒法　手动喷雾器和电动喷雾机是很低容量喷洒机具，每亩喷雾量为 1~3 升，介于低容量和超低容量之间。这种喷洒机具在采用油质农药时也可以进行飘移喷洒，但是为了适应飘移喷洒对气象条件的严格要求，便于小规模农田上使用，这种机具能在针对性喷洒的操作方式下，利用喷头所产生的低速气流使雾滴具有在小气候范围内作短距离飘移的能力。这种短距离飘移能够使雾滴在作物上有较大的扩散分布，并能在株冠层内扩散分布良好，因而使农药在田间具有均匀的沉积分布效果。

根据作物和病虫的特点，喷雾器可采取不同的操作方式和方法。

喷雾器的窄幅实心雾流特别有利于处理各种宽行作物的幼苗期和幼株期。采取雾流与苗行平行的顺行喷洒法，可使农药相对集中地喷在苗行中，从而减少农药在行间空地上的散落量，对于密集在作物顶部的病虫害，如麦穗长管蚜、稻纵卷叶螟等，用窄幅雾流在作物上层做左右摆动的侧向水平扫喷，则可以使农药相对集中地喷洒在作物上层，以减少农药在作物下部及地面的散落量。因此，这些喷洒方法能够大量节省农药，一般可节省 20% ~ 50%。这种喷洒方法，被称为农药的对靶喷洒法，它只有采用气流吹送的窄幅实心雾流才能实施。目前只有手动吹雾器能采用此法。

5. 低容量高浓度喷雾对作物的安全性　低容量、很低容量、超低容量喷雾法都属于微量喷雾，每亩农田的喷雾量不超过 5 升。但是只是药液体积减小，农药有效成分的用量却并未同步减少。例如，常规喷雾每亩须喷 50 升，而低容量等微量喷雾法仅需 5 升以下，即省水 90% 以上；而农药用量大约节省 25%。因此，喷雾液的药液浓度必定很高。如按常规大容量喷雾法每亩喷雾量为 50 升计，低容量喷雾法为 5 升，而超低容量喷雾法仅为 0.3 ~ 0.4 升。每亩农田的用药量若为有效成分 50 克，则计算浓度后可知大容量喷雾法的药液浓度为 0.1%，低容量喷雾法为 1%，而超低容量喷雾法高达 12.5% ~ 16.7%。

作物对药剂的忍受能力决定于作物单位面积上所接受的药剂量，当然与环境条件以及药剂的化学性质也有关系。就相同的药剂、相同的环境条件而论，只要单位面积上的药剂量不超过发生药害的阈值，就不会发生药害，条件是药剂不集中堆积在作物的某一局部表面上。

　　例如上面提到的 3 种喷雾方法，虽然单从药液浓度来看，低容量的浓度比大容量提高了 10 倍，而超低容量喷雾液则高达 125~167 倍之多，可是 3 种喷雾方法所喷到农田里的药剂量则都是一样的，即 50 克/亩。如按叶面积指数为 4 计，叶片总面积为 4 亩，则 3 种喷洒法每平方米叶面积上沉积的药剂量均为 0.019 克。可见，虽然超低容量喷雾法的药液浓度很大，但喷到作物上的药剂量却并未增大。

　　所以，从药量来分析，低容量和超低容量喷雾法都没有发生药害的条件。但是，如果把这少量的高浓度药液集中喷在作物的局部表面上，就必定会产生药害。因此，低容量和超低容量喷雾法的技术关键是必须喷细雾、喷均匀。这就是泰山-18 型机动喷雾机和手动喷雾器的双流体雾化法能取得很好效果的原因之一。气流雾化法能获得相当细而匀的雾滴，同时所产生的气流又能把细雾吹散，使之在田间均匀扩散分布。而额娃式超低容量喷雾机本身不产生气流，所以它必须在有自然风的条件下才能使用。

　　还可以从另一方面分析，由于不会发生药液流淌损失，细雾低容量喷洒法的农药用量都显著降低了。例如喷雾器（机）低容量喷洒，由于低速气流吹送所产生的显著的雾滴对靶沉积效率，在各种作物和果树上的用药量减少了 20%~50%，所以更不可能产生药害。

　　但背负弥雾机的气流过于强劲，而转盘式超低容量喷雾机又必须有自然风的吹送，雾滴有很多飘移损失，不过在处理田块上的有效沉积量还是低于常规大容量喷雾法。所以，也不容易发生药害。但是在使用过程中还是应当仔细操作，不可大意。

（五）喷雾用的农药剂型和要求

多种剂型均可用于喷雾，但应用的范围和要求有所不同。

1. 可用于大容量喷雾的剂型 乳油制剂、可湿性粉剂、浓悬浮剂（包括胶体剂）、可溶性粉剂以及水剂等剂型均可以作大容量喷雾用。这些制剂的有效成分含量在20%~80%，均属于高浓度制剂。

在这些剂型中，乳油制剂和浓悬浮剂的使用比较简便，它们大多均已含有足够的表面活性助剂（乳化剂、湿润剂），配制成的喷雾液有较好的分散悬浮性以及在叶面上的湿润性。不过也有一些乳油制剂或由于乳化剂的性能不佳，或由于乳化剂的用量不足，在加水配制时由于水质不良（如水的硬度大等）而不能形成稳定的乳剂。所以，在性质未弄清的情况下，最好先进行小量试配，如发现有此类问题应向农药供应商或生产厂家提出咨询和要求。

可湿性粉剂的悬浮率和药液湿润性至关重要，前面已多次提到。目前主要由于加工中没有严格的要求和明确的质量指标，我国一些可湿性粉剂的悬浮率和喷雾液湿润性不太好，因此，使用前必须先进行小量试配和检查。这里介绍两种简易检查方法。

（1）悬浮性检查法。称取大约1克药粉（如没有适用的称量工具时，可以取近似于四五粒黄豆体积的药粉），另准备1只200毫升的量筒（如没有量筒，可用1个250克装的无色透明罐头瓶或矿泉水瓶，把瓶肩以上部分剪掉。如果用500克装的瓶子，则把药粉的取用量增加约1倍）。在量筒中加满准备用来配制喷雾液的水，把取出的药粉放在折卷起来的纸上，并使药粉顺纸卷倒入量筒中的水面上。在检查中要仔细观察：良好的可湿性粉剂能在半分钟内就自行浸入水中，并在水中自行分散，一面慢慢沉下，一面向四面扩散，最后形成混浊悬浮液，只要稍加搅动即成为非常均匀的悬浮液。如放置不动，经过半小时仍然呈良好的悬浮混浊液，上层不出现清水层，筒底不出现任何沉淀或只出现很少的一点沉淀物。如果药粉投到水面后结成一团漂在水面，不能自行浸入水中，或只有粗大的团粒迅速坠入水底而不能在水中扩散悬浮，即使加以搅动也不能分散悬浮到水中，则说明粉剂质量极差，不能作为可湿性粉剂用。如果药粉要很长时间才能一团一团沉入水中，而且必须加以搅拌才能形成悬浮液，形成悬浮液后也很快开始沉淀，上层出现清亮水层，则表明其质量也不好。

（2）湿润性检查法。把配好的喷雾液放在1个广口瓶中或盆中。摘取准备喷药的农作物干叶片若干片，注意不要刮擦叶片表面。用手指捏住叶柄，把叶片浸入喷雾液中数秒钟后提出液面观察：如果叶面沾满药液即表明湿润性良好；如果只有部分叶面上有药液的液斑，表明湿润性不佳；如果根本没有沾上药液，则表明没有湿润能力。此法也可用于检查其他喷雾液的湿润能力。

至于可溶性粉剂和水剂，目前大多均未加入湿润助剂，一般均没有湿润性，如代森铵水剂、杀虫双水剂、敌百虫晶粉等。用这些制剂配制喷雾液时，必须预先检查药液在作物上的湿润性，加用适当的湿润助剂后才能获得良好的喷洒效果。日常生活用的洗衣粉可以作为湿润助剂代用品，一般可用 0.05% ~ 0.1% 的浓度。不过，对于具有酸性或强电解质的水剂，最好选用非离子型的湿润助剂（化工染料商店可以买到）。

2. 可用于低容量喷雾的剂型　所有可用于大容量喷雾的剂型均可用于低容量喷雾。但是，有些可湿性粉剂的制剂含量很低，如20%异丙威可湿性粉剂，无效成分填料所占比例达80%左右，如配制成低容量喷雾液的药液量小于2升时，由于填料太多，喷雾液会显得太稠，不利于喷雾而且容易堵塞喷管或喷头，因此用水量需适当增加，才能使喷雾液有较佳的流动性。

由于低容量喷雾法的喷雾量小、药液浓度增大，药液中表面活性剂的浓度也会相应提高，其喷雾液的湿润性要比高容量喷雾法好些。

3. 可用于超低容量喷雾的剂型　超低容量喷雾法一般选用专供此种方法用的剂型，通常均把油质制剂称为超低容量喷雾剂。我国目前还没有此种专用制剂出售。一些研究单位自行研制了若干供超低容量喷雾用的油剂，也有一些地方把乳油制剂作为超低容量喷雾剂，或在乳油中另加某种有机溶剂。有些则把乳油制剂加水配成浓稠的药液作超低容量喷雾用。所有这些方法，只能作为权宜性措施。各地用户如要采取这些方法，最好向有关技术部门咨询以后再决定。

二、喷粉法和撒粒法

喷洒粉剂是一种很简便的农药施用方法。颗粒剂是粉剂的发展，使用较为方便。此类制剂无须另行配制，即可直接使用。

（一）粉剂和粒剂的特点

这两类制剂均属于固态制剂，除有粒度大小的区别外，粒剂在配方和加工方法上有其特殊的要求，使用的方法也有所不同。

1. 粉剂的特点　粉剂是把固体物料与农药混合后直接粉碎而得到的粉末状制剂。粉剂有两种类型：一类是混合粉剂，即固态农药与固体物料（即填料或稀释物料）的机械混合粉碎产物；另一类是吸附粉剂或吸合粉剂，即液态农药被吸附或吸合在填料粉粒上的粉剂。混合粉剂中药剂的粉粒与填料的粉粒是彼此分离的，而吸附粉剂或吸合粉剂中，则药剂是附着在填料粉粒的表面上或渗入粉粒中的。本身是油状、黏性的药物，如敌百虫等，必须制成吸附粉剂或吸合粉剂，并且要求填料有足够的吸附或吸合能力。本身是固态的农药，如百菌清、代森锰锌、硫黄等，则一般只能加工成混合粉剂，但也可把这些农药溶解到一种溶剂中以后，再吸附或吸合在填料上，制成吸附或吸合粉剂。

这两类粉剂的一个主要差别是粉剂颗粒的运动状态有所不同。吸附或吸合粉剂的粉粒，是农药与填料的结合体，因此农药随粉粒的运动而运动，沉积很均匀。由于混合粉剂粉粒与填料粉粒彼此分离，如两者的粒度和比重不同或形状不同，运动的性能就会有差异。粒度大和比重大的粉粒初始运动速度较快，但运动距离较小，很难在空气中悬浮并很快坠落。而粒度和比重小的粉粒的运动状况刚好与此相反。所以，如果粉剂的配料没有经过仔细研究，则喷出的粉粒可能会自行发生成分的分离而造成不均匀的沉积，即一部分叶片上农药少，填料粉粒多，而另一部分叶片上则相反。

粉剂的粉粒有一定程度的絮结性，即若干个单个粉粒互相絮结在一起形成较粗大的团粒，运动性能同粗粉粒相似。这种絮结现象往往在粉粒磨得太细时出现。例如，硫黄粉磨到325目细度时，全部粉粒会絮结得很紧，形成一大块粉团，必须加分散剂才能成为粉末状。空气湿度较大时，也会造成粉粒絮结，因为粉粒表面吸附一层水膜以后，就会互相粘连。所以粉剂均要求存放在干燥处。

细而干燥的粉剂，粉粒表面会吸附一层空气，所以粉粒之间的摩擦力会减少，看起来好像有流动性。如把这样的粉剂倒在平面上会自动流散开，形成一个很小坡度的粉堆。如果粉粒互相絮结，就没有这样好的流动性，倒在纸上会形成一堆坡度很大的粉堆。这种坡度的角度大小，可以用来判断这种粉剂是否适合作喷粉用。坡度角小的粉剂适于喷粉。喷粉的质量与粉剂的絮结性有很大关系，絮结性越强则喷粉质量越差。因此，必须防止粉粒发生絮结的现象。

粉末状的固体微粒在运动过程中因摩擦作用会产生微量的电荷，因此粉粒在靶体表面上的沉积能力会得到加强。但这种静电效应因粉剂种类与表面材料的性质不同而有所区别。这种带电性质是粉剂的一个特性，干燥的粉末这种性质更为明显。

粉剂的另一重要特点是能在空气中飘扬。这种性能是由于粉粒的不规则表面而产生的。由于不规则的表面使其受空气的阻力而发生不规则的运动，因此粉粒便不易沉落。在喷粉时常常造成粉尘飘扬，扩散到很远的距离。这一特性使喷粉法的工效远远高于喷雾法，也容易造成较大范围内的粉尘污染。所以，用喷粉法更应注意正确的使用技术。

2. 粒剂的特点　　粒剂是相对于粉剂而言的一种粒度较大的制剂。商品颗粒剂的粒度变化幅度很大，一般是 100~2000 微米的各种规格的颗粒剂。大于 2000 微米（即 2 毫米）的颗粒剂则称为大型粒剂或粗粒剂、大粒剂。有的粒度可以大到 5000 微米（即 5 毫米），如杀虫双大粒剂。小于 50 微米的粒剂，称为微型粒剂或微粒剂。这种微粒剂的性质介乎粒剂和粉剂之间，其主要特点是在空气中的飘扬能力已基本消失，因而不同于一般的粉剂。

各种规格的粒剂的共同特点是粒子在空气中没有飘扬能力。这是撒粒法与喷粉法在本质上的不同之处，也是发展粒剂和撒粒法的最初目的之一。

粒剂有两种类型，即浸渗粒剂和包覆粒剂。浸渗粒剂是把农药与填料混合在一起，加入一定量黏合剂所压制而成的颗粒。包覆粒剂是将农药包覆在一种填料颗粒的表面上，经过处理后所制成的颗粒。两种颗粒剂的作用方式不同：包覆颗粒剂是依靠田水或土壤水分把颗粒表面的农药溶解到水中，然后才发生作用的；而浸渗颗粒剂则必须使颗粒解体以后才能把颗粒中所含的农药全部释放出来而发生作用，所以也称为崩解粒剂或解体颗粒剂。颗粒的崩解或解体一般都是在水分的作用下才发生的。也有一些颗粒剂是用具有强大吸收力的填料制成的，如玉米穗轴颗粒、碎砖颗粒和经过灼烧处理的陶土颗粒等。这一类颗粒能使农药浸渗到颗粒中，所以也称浸渗颗粒剂。但是它们在水中并不崩解，而是让农药从填料颗粒中释放出来，属于一种缓释剂型。

颗粒的粒度大、沉落快速，在水田中使用时能迅速沉落到水底。防治稻田害虫的杀虫剂如杀虫双，加工成大型粒剂也具有明显的优越性。但并非任何杀虫剂都可采取颗粒剂型来使用，有许多杀虫剂或杀菌剂很容易被土壤吸附而不易被作物所吸收，这样就不利于发挥其药效。而除草剂的使用有时恰恰需要利用土壤表层对除草剂的吸附作用，形成一层药物层，使杂草种子萌芽后通过药物层时中毒死亡。因此，颗粒剂剂型的使用，是要根据农药的性质，病虫杂草的生活习性、危害特点，以及土壤、水分对农药的作用特点等进行全面考虑后才能作出正确选择。如果盲目使用颗粒剂，就可能达不到预期的目的。所以在选用颗粒剂时，必须仔细阅读产品的使用说明书。

（二）喷粉法

喷粉法的基本原理是用气流把粉剂吹散，使粉粒飘扬在空气中，然后沉落到作物上。前面已提到，粉粒在空气中有很强的飘扬能力。这种特殊的性能使喷出的粉粒能自行扩散分布，从而在作物上的沉积相对均匀。喷粉法的扩散距离也很远，因而功效很高。但这些优点只有当粉剂的物理性质和规格合乎要求时才能充分表现出来。我国对农药粉剂的规格要求，在粉粒细度方面规定：能通过200目筛的粉粒应在98%以上。对于粉剂含水量也有严格规定：不得大于

1%，对某些农药的粉剂则最高不得大于1.5%的含水量。

1. 喷粉法的实施条件　与喷雾法相比，喷粉法对气象条件的要求更为严格。粉剂更容易被雨水冲刷，受风的影响也更大。所以，不宜在有风的情况下喷粉。一般来说，清晨和傍晚风最小或无风，是喷粉法实施的最佳时间。但各地由于地形等地理条件不同，无风时间不完全一样，须分别进行考察决定。清晨和傍晚，上升气流也最小或没有上升气流，在这两段时间通常会出现地表气温逆增现象，因而在喷粉时粉尘不会向空中飘移。关于气象条件请参见本章第三节烟雾法部分。植株上出现露水并不是喷粉的必要条件。在露水很重的情况下进行喷粉，对粉粒的扩散、分布和均匀沉积反而不利，而且还有可能对喷粉器吐粉造成不利。

在作物生长的幼苗期，植株对地面的覆盖率很小，不宜采取喷粉法。因为喷粉法基本上不可能做到对靶喷洒和沉积，在覆盖率很小的情况下，药剂的浪费和损失很严重。

2. 温室等保护地中的粉尘法施药技术　温室等保护地是近20年来发展很迅速的一种设施农业，主要种植各种蔬菜和一些草本水果如草莓等。保护地是一种特殊的生态环境，在塑料膜或玻璃覆盖下形成封闭性的特殊的小气候，即温湿度高、空气流动小。在这种特殊环境下，喷粉法可以表现出独特的优点。首先，粉粒在这样的封闭环境中不会发生飘移散失，全部被控制在保护地中。其次，由于粉粒在空中运动时有布朗运动现象以及飘翔效应，即粉粒在空中能较长时间地悬浮、飘动，并且能穿透作物茂密的株丛，沉积在一般喷雾法所不能喷到的地方。根据以上两个重要特点，宜采用保护地粉尘法施药技术。当喷出一定细度和分散度的粉剂后，在棚室内形成浓密的粉尘，可维持 20~30 分钟，与烟雾相似。另外，由于粉尘在空气中有很强的自行扩散能力，所以操作人员不必逐株喷洒，只要把粉剂喷散到棚室的空中即可达到均匀沉积的程度，其工作效率显著提高。采用丰收-5 型手动喷粉器，在每分钟吐粉量为 100 克的条件下，喷出粉剂 1 千克只需 10 分钟。由于保护地粉尘法施药技术规定每亩棚室喷粉量一律为 1 千克（有效成分含量则因药而异），所以处理一亩棚室只需用 10 分钟。但常规喷雾法则需要 2~3 小时。可见，粉尘法施药技术的功效比常规喷雾法提高十几倍。

在保护地封闭的环境中，粉粒不会向棚室外自由飘散，药粉完全沉积在作物上，药剂的有效利用率得以大幅度提高。药粉在作物上的沉积率高达 76%，能节省农药用量 50% 左右，药剂在作物上的持效期也比喷雾法和烟雾法延长 50%~100%。防治黄瓜霜霉病，采用喷雾法或烟雾法时，一般施药间隔期为 4~5 天（病害较轻时可延长到 6~7 天，较重时往往缩短至 3~4 天），而粉尘法则为 9~11 天。这是因为粉尘法的药剂沉积率大大高于喷雾法和烟雾法。此外，烟雾法的烟粒极细（小于 0.1 微米），药剂蒸发逸失得很快。特别是百菌清汽化性相当强，逸失更快。

由于粉尘的布朗运动和飘翔效应，以及喷粉器所产生的强大气流的推送作用，在棚室中施药不必进入行间逐株喷洒，只需沿棚室中的走道单线走动即可。例如在温室（土温室）中，只需背墙面南，沿墙侧行，从一端慢慢走向另一端，让粉尘向南喷出即可。在大棚中则只需沿中间走道由北向南退行，让喷粉器的喷管左右匀速摆动，粉尘会自行向左右扩散到大棚的两侧边缘处。由于喷洒时粉尘是向前方喷出，采取退行喷洒时，操作人员不会与药粉发生接触，因而很安全。另外我国还有大量的拱棚，无法进入棚内喷雾。采取粉尘法时只需在棚外作业，把棚布揭开一小口，把喷粉管插入喷洒即可（每隔 5 米左右揭口喷 1 次，把规定量的药粉喷完即可）。这种喷洒技术为菜农带来极大的方便。现已有多种保护地专用粉尘剂。

（三）撒粒法

从使用手段来说，撒粒法是最简单、方便的农药施用方法，施用时不需要任何器械，有时只需用很简单的撒粒工具。

颗粒状农药制剂由于粒度大，下落速度快，受风的影响很小，特别适合于在下列情况使用：一是土壤施药；二是水田施药（特别是希望药剂很快沉入水底，以便迅速被田泥吸附或被稻根吸收）；三是多种作物的心叶施药（如在玉米、甘蔗、凤梨等）。

颗粒剂的粒度可以在很大的范围内变动，主要根据作物的特征和病虫杂草的危害特点来选定，另外也要考虑药剂的性质和使用的方式方法。例如，在玉米喇叭口  施用的颗粒剂一般用较小的颗粒，但不能太小，否则容易黏附在心叶上，随着心叶的生长伸展而被带出。而杀虫双用于防治稻田害虫时则可加工成直径 5 毫米左右的大型颗粒，因为杀虫双极易溶于水又不易被稻田泥土所吸附。

通常供水生杂草或水田害虫防治用的颗粒剂多为 8~16 目或 16~30 目的粒度，而中等大小的粒度如 18~35 目或 20~40 目的颗粒剂则广泛地用于处理土壤，至于地面上使用的颗粒剂则大多为25~50目或30~60目的粒度。

每千克颗粒剂有多少颗粒，也是选用颗粒剂粒度大小时要注意的一个指标。每千克颗粒数越多则表示颗粒粒度越小，也就意味着颗粒在处理农田中的分布密度较大。对于某些杂草和病虫害来说，密度大则接触机会多，防治效果也较好。

在处理土壤时要求颗粒密度大一些好，而处理水稻田时，则须根据用途而定。除草剂的施用，分布密度须大些，杀虫剂则分布密度可小些，特别是在田水中扩散能力较强而内吸性能较好的药剂。例如使用杀虫双大型颗粒剂时，每平方米稻田水面只需2~3粒即可。

1. 粒剂的撒施方法　我国目前还没有专门的颗粒撒施机具可供小规模农田使用。实际上各地大多采用手施法，同撒施尿素颗粒的方法相似。对于接触毒性很低的药剂来说，手施法问题不大，但仍需注意安全防护。毒性较大的药剂绝对不能采用手施法。水稻田用的克百威颗粒剂，经口毒性很高，但经皮毒性很低，而且在工厂加工时已在颗粒表面上涂覆了一层防护膜，以降低中毒危险。撒施时，保持手掌干燥、不沾水，可降低中毒危险，但还是应按要求戴手套撒施。例如，有一种简便的安全撒粒法是用塑料袋撒施。选取一个较厚而牢固的塑料袋，大约可装2千克的颗粒剂，使袋内外均保持干燥。把塑料袋的一个底角剪出一个整齐的缺口，口径1~1.5厘米，可根据颗粒的粒度选定。把颗粒剂约1千克装入袋内，使底角的缺口朝上放置。扎好袋口，在不撒粒时让底角缺口（即撒粒口）朝上，用手托住已装粒的塑料袋。开始撒粒时，让撒粒口向下，用手托住塑料袋轻轻抖动，使颗粒从撒粒口流出，流出的速度可以通过控制塑料袋的摇动速度来加以掌握。持塑料袋的手可以左右摆动撒粒，边撒边向前行进。

另一种撒粒法是用塑料瓶撒施。选取一只体积为1升左右的塑料瓶，最好是透明或半透明的，以便能观察到瓶内的颗粒状况，并保持瓶内外完全干燥。把颗粒剂装入瓶内。在瓶盖上打1孔，孔径可根据颗粒的粒度选定。把瓶盖盖好后，把瓶口向下，轻轻晃动瓶子，颗粒便能顺利流出。流速可控制晃动的速度和强度来调节。

处理大面积田块所需颗粒剂的量较大，可以采用背袋撒粒法。用较厚实的塑料布做成一个漏斗状的袋子，上大下小。下边留一小口并装接一根一头粗另一头较细的塑料管（也可用白铁皮焊制），较细一头的开口直径1~1.5厘米，可根据颗粒的粒度选定。粗的一头联结在塑料袋的下边小口上，并扎紧勿使漏粒。塑料袋的上边大口穿一根绳子在褶边中，可以拉绳把口袋收紧。此塑料袋可以背在操作者背上或挂在胸前，使用时先把撒粒口用木塞或棉花球塞住，把颗粒剂装入塑料袋中，收上口，背在背上。下田后打开撒粒管的出粒口，手持撒粒管左右摆动，颗粒即可流出，与上述各种方法相似，流速也可加以控制。

以上几种撒粒法，既简便安全又比较实用，不过撒粒的均匀度主要靠操作人员掌握。

2. **大粒剂的抛施法** 大型颗粒重量较大，可抛掷到较远的距离。在稻田使用大型粒剂抛施法可以不必下田操作，在田埂上即可进行。

杀虫双这一大型粒剂的粒度为5毫米左右，它是用压粒机压制成的，所以粒度很均匀。每千克粒剂约有2000粒。5%的杀虫双大粒剂每公顷的施用量为 15 千克左右，平均每平方米水面着粒量 2~4 粒。抛掷的距离可达 20 米左右。因此，只需沿田埂向田里抛施即可。

杀虫双是一种强水溶性药剂，田泥也不吸附，大型颗粒落入田水中很快就溶解扩散，8 小时内便可扩展到全田，24 小时以内可达全田均匀。也正是由于其溶解快、不吸附，杀虫双容易发生渗漏，在漏水田中不能使用。如果田里无水也不能施用大粒剂，因为无法迅速溶解和扩散。一般要求田里保水 6 厘米左右。如果水太深，药剂在田水中的含量降低，也会影响药效。

与小型粒剂相比，大粒剂能全部落入水田中，极少发生叶鞘夹粒和叶面粘粒现象。

除采用以上施粒方法外，颗粒剂还可以根据实际需要采取其他方法撒施。例如，在棉田施用涕灭威颗粒剂，可以在开沟播种时随种子一齐撒下，最后盖上。在棉花出苗后，也可以用特制的施粒机在棉行一侧开沟下药，或者用木棒在棉株旁边挖洞把颗粒剂投入再盖上。

这里必须指出的一个问题是，有些用户故意把颗粒剂溶化在水中喷雾，这是不正确的。因为颗粒剂只有作为撒粒法使用时才能充分发挥这种剂型在使用上的优越性，泡水喷雾以后丧失了颗粒剂的优点，还会造成一些新的问题。例如，用于农作物上的克百威为剧毒农药，作为颗粒剂使用时比较安全，如加水喷雾则极不安全。所以，这种制剂是禁止加水喷雾用的。另外，粒剂的制造成本很高，即便药剂是安全的，把价格昂贵的粒剂泡水使用，在经济上也是不合算的。

（四）撒滴法

撒滴法是近年来研究开发成功的一种新施药方法，专用于水田作物，特别是水稻田。目前用撒滴法施药的农药主要是杀虫单和杀虫双，这两种药不易被土壤吸附，而且内吸性很强，很容易被水稻根系所吸收，之后在稻株内向上运行，因此采取撒滴法施药可取得很好的效果。

杀虫双撒滴法的作用原理与杀虫双大粒剂相同，但是用一种特制的撒滴瓶代替了普通的包装瓶，无需对农药进行特殊加工，因而更为简单易行。使用时不需要进行药液配制，只要打开瓶盖，上下按动瓶塞，药液即从瓶塞端部的一排特制的撒滴孔定量撒出，洒出的药滴呈扇形展开，宽度可达 5~6 米。操作人员直线前进即可把药滴均匀撒在 5~6 米宽的稻田里。药滴直接落入田水中并迅速下沉到田水下面的田泥表面，向四周田水和田泥中溶解扩散，被稻根所吸收。杀虫双水剂在田水中能迅速溶散，一个药水滴中的杀虫双有效成分在 12 小时内可扩散到约 1 平方米的田水中，因此，撒滴法的撒滴密度每平方米有 15~20 滴即可。每 100 毫升 18% 杀虫双水剂大约可形成 10 000 个药滴，防治水稻螟虫时每公顷约需用 3000 毫升，所以药滴的洒落密度完全足够药剂分散均匀。

撒滴法的主要优点在于，不会发生杀虫单和杀虫双有效成分向空气中扩散飘移的问题，在养蚕区对桑树也比较安全。撒滴的时间不受天气变化的影响，在风雨天气也可施药。而且撒滴法不需要喷雾器械，实现了轻松施药，因此很受农民欢迎。

撒滴法所用的撒滴瓶有 3 种，一种是根据撒滴瓶上的体积刻度来计量的，另外两种是定量撒滴瓶。后者不需要看刻度，直接按动撒滴头即可撒出定量的药液。这两种撒滴瓶有利于提高撒施质量。

但是，并不是任何农药都可以采取撒滴法施药。水溶性差的、没有内吸性的、容易被田泥吸附的农药均不能采取撒滴法。

近年，有一种稻田用的噻嗪酮展膜油剂，是把农药油剂直接滴加在田水中，让油状药液展成油膜漂在田水表面上，接触到稻株后油膜依靠爬壁现象而扩展到稻株上，之后对稻飞虱发生作用，而不是把药剂施在田水下面的泥面上让稻根吸收，因此这种施药方法并不是撒滴法。展膜油剂不可采取撒滴法使用，否则其药效会受到很大影响并容易引发药害。

三、其他使用方法

（一）烟雾法

烟雾法是指把农药分散成为极细的颗粒或雾滴状态的各种使用技术的总称。这种极细的颗粒和雾滴进入空气中以后，外观和动态都很相似，在空气中能很长时间飘浮而不会很快沉落，犹如早晨的大雾或傍晚的炊烟。

烟和雾的本质区别在于：烟是由固态的微粒所组成，这种微粒如果在高倍显微镜或电镜下观察，都是不规则的细微颗粒或微晶体；而雾则由液态的微滴所组成，在镜下观察都呈微细的圆球形液滴。

烟和雾本身的颗粒或雾滴也可能是有颜色的，但由于颗粒和雾滴太细，在光线照射下呈乱反射，所以烟和雾常呈白色。这也是烟和雾容易混淆不清的缘故。

烟和雾的共同特征是粒度细，常在 0.001~10 微米范围内。在空气扰动或有风的情况下，烟雾是很难沉积下来的。在无风条件下，直径为 1 微米的水滴沉降 3 米高度需要 28~29 小时（假定水滴不蒸发），当雾滴增大到 10 微米时只需 17 分钟左右；而常规的喷雾法的粗雾滴仅需 1~2 秒钟。由此可见烟雾的重要性质与特点。

烟雾的微粒有布朗运动的行为，即微粒能向任何方向运动，并能穿透很细的缝隙。因此，采用烟雾法既有有利的一面，即烟雾在作物丛中能自由穿行，并能在作物的任何方向上沉积（但仍以在正面沉积为主，侧面次之，背面最少）；又有不利的一面，即烟雾法只能在严密封闭的环境中施用。此外，这样细的微粒其总表面积极大（同样体积的固体或液体，其颗粒或雾滴越细，总表面积则越大），对于有机农药来说，其挥发速度也越快，尤其是本身汽化能力较强的药剂如敌敌畏、百菌清等，分散成为烟雾状态以后会很快挥发遗失，在作物表面上的残存时间很短。例如，有些地方所用的敌敌畏烟剂，实际上在作物表面并不可能有敌敌畏沉积物，在放烟的过程中敌敌畏就在不断挥发成为气态。所以，敌敌畏熏烟实际上是气体熏蒸作用。一般来说，凡是能加工成烟剂的农药，必须有相当强的蒸气压，即比较易于挥发或升华。所以这是放烟法实际应用中的一个矛盾。科学地处理好这个矛盾，才能很好地发挥烟雾法的有利一面，否则会造成农药的大量损失和浪费，反而增加农民的负担。

1. 烟雾的形成　烟和雾既然不是一种物态，它们的形成方式也必然不同。总的说来是两种方式：分散法和凝聚法。烟的形成方式主要靠凝聚法，而雾则主要靠分散法，也有少数用凝聚法。

（1）烟的形成与使用范围。

①烟的形成。所谓烟剂，是利用热力来分散农药有效成分的一种特殊制剂。其形成过程可表示如下：

可见只有在热力下能够汽化的农药才可能形成烟。但在实际选择烟剂配方时还必须考虑到药剂的耐热性，例如氰戊菊酯（速灭杀丁）在150℃就开始分解，溴氰菊酯在190℃就开始分解，就不能加工成烟剂，否则分解损失量很大。粉锈宁的蒸气压很低（在20℃下只有$999.915×10^{-10}$帕），如提高发热剂的发热温度则极易分解。至于其他多种农药如三乙膦酸铝、代森锰锌等则根本不能汽化，当然也不可能采用烟剂的形式了。此外，毒性大的农药也不能加工成烟剂。

烟剂的配方中除农药有效成分外，还需要一种化学发热剂及稳定剂（降低农药热分解率的一种成分）。化学发热剂是氧化剂与一种易燃烧物质的混合物。较常用的氧化剂有氯酸钾、硝酸钾、硝酸铵、重铬酸钾等。燃烧物质种类很多，如木炭、植物碎屑（包括锯末）、硫脲、蔗糖、乌洛托品等。氧化剂与燃烧物质的选择是配制烟剂的关键，必须根据农药的汽化需热量、分解温度来科学地选定，不宜只靠肉眼观察来判断，因为农药的分解产物也会以"烟"的形态表现出来。肉眼所看到的白烟不一定都是农药有效成分。所以，烟剂的配制必须严肃认真地进行。还应注意的是，农药分解产物或燃烧剂的燃烧产物还可能产生一些有毒物质，如硝酸类氧化剂会产生一氧化氮有毒气体。

从技术经济方面说，烟剂是一种成本很高的使用剂型。在一个烟剂的配方中，化学发热剂所占的比例一般在50%以上，而在点燃烟剂后化学发热剂全部烧掉，再加上农药的分解损失部分，其技术经济效果是很低的，而成本却很高。

②烟剂的使用范围。根据上面所述，从烟剂的运动行为及烟剂的技术经济效益来看，在农业上使用投资较大，是很不经济的（包括温室、大棚在内）。但是，在一些特殊的场合下可采用烟剂，例如冷藏库、一般仓库、集装箱、车厢、船舱等容易密闭，在这些场所因经济效益较高，又不允许或不宜喷药水，采用烟剂的效益较好。但近年来有一种气雾剂，其使用效果比烟剂的效益更高，将会逐渐取代它。

（2）油雾的形成与使用。上面讲到烟雾法中的雾是一种极细雾滴的分散体系。

利用分散法把液态农药分散成气溶胶状态极细的雾，需采用特殊的雾化部件。目前用得最普遍的是文丘里喉管。这是一种双流体雾化部件，在雾化部件的喉部有一段收缩部，整体形状类似喇叭。当一股高速气流通过此收缩段时则流速迅速增大，当药液从内管通过位于收缩段中央的排液孔流出时即被分散成为极细的雾滴。只要把文氏喉管的有关技术参数调好并控制药液流速，就能把药液分散达到气溶胶状态的雾，可在空气中弥漫很长时间。

从上述雾化原理和方法可知，水质农药不能采用此法，因为水分会迅速蒸发。通常只有油质农药可以用，而且溶剂应是不易挥发的油。应用较多的是高沸点的矿物油。但是高沸点矿物油黏度比较大，流动性较小，所以必须通过加热提高油的温度来降低其黏度。通常利用内燃机的废气来雾化比较理想，一方面这种排出的废气速度很高，另一方面它本身是一种热的气流。因此，只要把文氏喉管用管子连接安装在废气排出的气路上，并从药液箱中引出药液经过一段内管到达喉管部，用截门调节药液流速，就可以实施这种雾化。该装置可在森林、果园、仓库中采用。由于其雾化细度可以在很大的范围内调控，故在大田作物上也可采用（主要用于较高大而茂密的作物）。在森林和大型果园中使用时，往往采用拖拉机的废气来雾化，能把气溶胶状态的细雾吹送到 200～300 米的密林深处，功效很高。

还有一种手提式或背负式热雾机，机具比较轻便，可以在果园、森林、仓库以及车厢、船舱内使用。目前一般农作物上使用尚有困难。

我国已经有多种热雾机，通常称为烟雾机。例如背负式 3Y-10 型及相似型号的 3YD-8 型、肩挂手提式 3Y-35 型等，还有东风-5 型烟雾机。

2. 烟雾的特性

（1）多向沉积。烟雾的微粒能在作物的各部位的各方向上沉积，例如叶片的正、反面和茎秆上等。在室内施放烟雾时，也能在室内所有物体的表面上沉积，但仍以正面沉积为主。烟雾的这一多向沉积特性，有其优点也有其缺点。在仓库中，对于潜伏在壁缝、墙角、隐蔽处的害虫防治十分有利。在森林和大型果园中，烟雾的优越性也十分明显。但是，在温室大棚中防治蔬菜病虫害，由于烟雾微粒在棚布、玻璃及墙壁上都有大量沉积，增加了药剂的用量。

（2）通透性。这是指烟雾在茂密的株丛中的自由通透能力。除熏蒸法以外，在各种使用方法中，烟雾法的通透性最好。烟雾法的功效很高，只需把烟剂点燃，生成的烟就能自行向株丛中扩散穿透，无须逐株喷洒。但是如果棚室封闭不严，则烟雾也很容易从漏空部分逸出流失。所以，施放烟雾之前必须先检查棚室是否封闭良好，否则应把破漏部分封闭好才施放烟雾。温室保护地的放烟法由于封补漏洞所花的时间不少，功效受到很大影响。

（3）热致迁移现象。当阳光照射到作物上时，叶面的温度显著高于周围空气的温度，相对于大气来说，叶片就成为热体。在这种状况下施放的烟雾很难在叶片上沉积。这就是所谓的热致迁移现象。入夜，叶片的温度降低，热量释放到周围空气中，此时的叶片已变为冷体，施放的烟雾就会大量沉积到叶片上。通过试验证明，晚上午夜前后烟雾在叶片上的沉积率最高，清晨和傍晚的沉积率也显著高于白天。

对于温室保护地施放烟雾，尚需注意一个问题。前面已讲到，烟雾在空气中飘浮的时间很长，由于有气流的扰动，其飘浮的时间就更长。可是温室大棚不允许长时间的封闭，因此这里就存在一个放烟以后多长时间开棚的问题。开棚过早，会有相当一部分烟粒逸散损失，但又不可能让棚室连续封闭20小时以上，因此烟雾法的药剂损失量较大并容易污染环境。

（二）熏蒸法

熏蒸法是用气态药剂来防治病虫害的施药方法。气态是物质的最高分散状态，药剂呈分子状态分散在空气中。气态分子的扩散运动和穿透能力极强，甚至可以穿透某些膜。气态药剂的这一特性，使它能够通过昆虫的呼吸系统进入虫体发生致毒作用。所以，熏蒸剂是一类专用药剂，只能在一定的密闭环境或容器内使用。一般农业生产中只有在特殊情况下可慎重采用。

熏蒸剂既是一类气态毒剂，毒气极易扩散，有些还是易燃、易爆气体。因此，实施熏蒸法的操作人员必须由经过专门培训的专业人员来组织现场实施。实施熏蒸的地点也有严格要求，有些需向公安、消防部门申报备案。所以，这项使用技术并不是任何农户都可以自行操作的。

熏蒸法的应用场所要求有密闭的条件，主要在仓库（主要是粮食和食品仓库以及其他农产品、纺织品仓库）、车厢、船舱、集装箱等场所使用。在露天堆放货品的货场、码头等地，利用不透气的覆盖材料如塑料布、橡塑布以及有橡胶衬里的帆布等，把货物严密覆盖起来，在严密的管理下，也可进行帐幕熏蒸。某些矮型果树也可用塑料布覆罩起来进行熏蒸处理，在这方面也曾有成功的报道。但熏蒸活的植物体，对选用的熏蒸剂要求很严，在未经过周密的科学试验前切不可轻易采用。

1. **熏蒸法的基本原理** 熏蒸剂是通过昆虫的呼吸系统进入虫体而发生作用的。害虫也有一种自卫反应，当空气中出现有害气体时，

往往会短暂地关闭气孔，以阻止毒气进入体内。气态农药一旦释放到空气中就会很快与空气混合均匀扩散。只要密闭在有限空间内，毒气就不会消失。害虫和病菌不论存在于任何部位都会同毒气接触，所以熏蒸法是效率最高的一种化学防治手段。有些仓库害虫，甚至会相当长时间地关闭气孔，以致虫体得不到足够的氧气而处于昏迷状态，当毒气消散以后又渐渐复苏。所以熏蒸处理往往要持续相当一段时间方能奏效。另外，可加入其他辅助气体阻止害虫关闭气门，从而提高杀虫的速度和效果。例如，二氧化碳（往往采用干冰，即固体二氧化碳）就具有这种效果，它还有阻止或减少产生燃烧爆炸危险的作用。

各种熏蒸剂的沸点和汽化能力不尽相同，有些沸点很低，如硫酰氟，必须装在钢瓶中贮运。使用时可把钢瓶出气口用管子连接，通入熏蒸室内，开阀放气使毒气沿导管进入熏蒸室，这种方法较为安全。也可戴上防毒面具在熏蒸室内开阀放气后，操作人员再退出，之后封闭入口。另外，有些汽化能力较低、蒸发较慢的农药，使用时需采取各种措施促使它迅速汽化，例如氯化苦，常采取挂草帘、倾倒在浅盆中等方法以增加蒸发面积，促使其迅速变成蒸气。

使用熏蒸剂操作人员必须佩戴防毒面具。根据所用熏蒸剂选用相应的滤毒罐，不可任意改用，以免增加中毒的危险性。

2. 几种熏蒸的方法　这里只对几种有可能小规模使用或机械化控制使用的熏蒸法作一介绍，凡是大型仓库由专业人员实施的熏蒸法从略。

（1）帐幕熏蒸法。在户外大批堆放的粮食、食品及货物，如需作熏蒸处理，一般采取帐幕熏蒸法比较方便，但也应由专业人员负责实施。比较小的货物、粮食堆垛则可以用磷化铝片剂进行熏蒸。各地农村已经相当普遍地采用此法。磷化铝是一种固体，在绝对干燥的条件下不会产生有毒气体。所以工厂生产的磷化铝加工成片剂（每片重 3.3 克）密封包装在金属筒中，只要不打开、不遇水或水汽，就不会对人体造成危害。但一旦遇水或水汽便会释放出有毒气体——磷化氢，对人畜剧毒。空气中磷化氢气体浓度达到 7 毫克/升时，人畜就有中毒的危险，若浓度增大 15 倍，即感到呼吸困难，浓度达到 100 毫克/升时，就会严重中毒，并有致命危险。

其操作方法是，先把帐幕安装好，只留一端出口处不封死。操作人员戴好防毒面具进入帐内另一端，开始投放磷化铝片（戴手套）。把药片平均散放在粮袋之间的夹缝中，每吨粮食投药 5~10 片，大粒粮可用下限，已加工的粮食可用上限。投药片的数量应预先计算好。从内向外依次投放，投完后刚好退至帐幕出口处。退出帐幕后立即把帐幕开口处夹紧封闭。磷化铝片随着吸收水汽而缓缓释放磷化氢，所以熏蒸时间一般须维持 3~5 天，也应视气温而定。气温较高时可短些，反之则需延长。当气温为 12~15℃ 时，需熏 5 天左右，20℃ 以上则 3 天即可。

熏蒸结束后即可进行散气。应在晚间无人活动时进行。先揭开下风头的帐幕，然后揭开上风头帐幕。一般需散气 5~6 天。散气期间应禁止人员在附近活动。

投药片时应把药片放在粮堆的上层，因为磷化氢气体的比重大，这样有利于毒气较快地扩散均匀。

磷化铝吸水汽放出磷化氢后的残渣为白色无毒的氢氧化铝，将其扫除即可。

磷化氢气体有自燃的性质，尤其当毒气浓度很大时更易自燃。所以投放药片时切不可把许多药片集中堆放在一起，必须逐片散开均匀放置。

（2）减压熏蒸法。把熏蒸空间的气压降低以后再投药熏蒸的方法称为减压熏蒸法。由于要减压，只能在特殊的能耐负压的金属容器内进行，并需配备抽气机等专门的设备，因此一般农户不便采用。

（3）土壤熏蒸法。用熏蒸法处理土壤是杀死土传病原菌和地下害虫及病原线虫的有效措施。熏蒸剂的蒸气在土壤中可以扩散渗透，因此效果相当好。但此法的一个主要缺点是，耗药量大，处理比较复杂。当气态药剂输入土壤中以后，必须防止它很快逸出土面。老的方法中有熏蒸后土面洒水、盖湿纸等办法，但只适用于苗床等小块农田。

具体来说，土壤熏蒸的施药方法如下。

①土壤注射法。这个方法需要用到一个器材，即土壤注射器。我们首先需要在土面上规划一下，然后打出若干小孔，再把一定量

的药剂注入一定深度的土中。或者在打孔后，用玻璃漏斗往土壤中注入药剂，再用泥土封孔口，也是可行的。例如，当使用氯化苦药剂进行土壤注射时，首先要翻耕一下土壤，使之平整、疏松，然后将氯化苦药液装入土壤消毒器中，再把药液注射到 15~20 厘米深的土壤中，然后用土将孔封住。注意注射点之间的距离，相距 30 厘米为宜，每亩约需要注射 1 万个点，每点注射药液约 2 毫升为宜。如果条件允许，还可以采用机动器械进行注射，如使用手扶拖拉机悬挂式双垄土壤消毒机。

注射氯化苦后还需要覆盖上地膜。若土壤温度为 10~15℃时，盖膜时间以 10~15 天为宜；若土壤温度为 25~30℃时，盖膜时间 7~10 天为宜。熏后揭膜通风要在半个月以上，以免威胁到栽种的农作物的安全。

②土壤覆膜法。土壤覆膜法即当把熏蒸剂施入土壤中后，为避免其气体散出土面，需要用塑料薄膜覆盖在土壤上，并封严，待熏蒸目的达到后，再揭开薄膜通风，之后再播栽作物。

下面我们以能防治多种病虫草害的棉隆这种土壤熏蒸剂为例，来介绍一下土壤覆膜法的操作过程。采用此药熏蒸土壤前，仍是先翻整土地，并使土壤在一到两周内保持一定的湿度，这样土壤中的杂草便会萌发，线虫侵染的作物根部残留物也会逐渐开始腐烂，此时，用颗粒撒施机将棉隆均匀地撒在土壤表面，再用悬耕机进行操作，这样药剂便会被翻入土中。

也可以每隔约 25 厘米的距离，就挖一条深沟，然后将药剂施入沟内，再立刻用土壤将药剂覆盖上。这种沟施法，也可以使用药液进行熏蒸，例如能有效防治虫害的威百亩便可这样操作。把经水稀释后的药液，定量、均匀地洒在沟内，然后快速盖上土壤。施药后，每平方米土面浇灌上 6~10 升水，再用薄膜将土壤密封。熏蒸几天后揭膜通风即可。

（4）电热熏蒸法。起初是国外先在保护地病虫害防治中使用了电热熏蒸技术，之后，国内的一些企业也开始研究此项技术，并研制出电热熏蒸器。这种方式使用起来非常便捷。下面我们以硫黄为例，说明在保护地中防治草莓白粉病的操作过程。在棚架上，每隔约 15 米悬挂一个电热熏蒸器。电热熏蒸器的悬挂高度以距离地面 1.5 米为宜，每个电热熏蒸器内装约 30 克硫黄。于傍晚至晚上 9 点之间，将电热熏蒸器通电。每隔 4 天换一次药剂，共操作 20 天即可达到良好的效果。

（三）土壤施药法

土传性的病虫害，除上述土壤熏蒸法以外，用得更普遍的是土壤施药法。只要所选用的农药对口，而且对土壤的适应性也好，处理的方法和条件合适，都会取得很好的效果。施药作业常可与土壤耕作结合起来进行。但这种方法耗药量大。

土壤是土传性病虫以及杂草生存和发展的特定生态环境。施入土壤的农药会以不同的方式对土壤环境产生影响，影响病虫杂草的生长发育而产生防治效果，也可能直接对病虫杂草发生致毒作用而产生防治效果。一般说来，这两种方式可能是同时存在的。

1. 土壤施药的基本原理 施入土壤中的农药可能有 3 种存在形态：第一种是以固态农药施入土壤，农药的颗粒混存在土壤颗粒之间，农药颗粒可以同有害生物直接接触而发生致毒作用；第二种是农药溶解于土壤水分中，在这种状态下农药可以随土壤水分移动，因而具有较好的扩散能力，能够在较大的范围内发挥作用，但是有些农药虽然能溶于土壤水中，却容易被土壤颗粒吸附而不能移动，因而其作用范围受到限制；第三种是药剂以气体状态扩散分布在土壤中，这种状态下药剂表现有明显的熏蒸致毒作用。农药也会以其他特殊形态进入土壤，如颗粒剂、胶囊剂、微胶囊剂等。这些药剂大多具有缓释作用，药剂有效成分从颗粒或胶囊中缓慢释放出来，因而药效能够维持较长的时间。颗粒剂则有几种不同情况，包衣型颗粒剂的有效成分是包覆在填料颗粒的表面上，崩解性颗粒剂在水中会很快崩解分散，这两种粒剂都不具备缓释作用。捏合型颗粒剂（即有效成分与填料是混合在一起造粒）和非崩解型颗粒剂是否具有缓释作用，取决于粒剂的配方和造粒的工艺。

土壤是非常繁杂的环境，土壤的类型、有机质含量、颗粒成分和团粒构造、水分以及 pH 等，变化都很大。土壤微生物也是很重要的因素。这些因素及其变化都会对农药产生影响，使农药的性能、生物学效果及农药在土壤中的半衰期、残效期发生变化。雨水、灌溉水或其他地表水也会影响农药在土壤中的半衰期和残效期。

所以，进行土壤施药时必须考虑到上述各种因素的影响。根据农药和当地土壤的性质可以作出初步分析判断，但有些问题则必须通过试验和测试加以查明，例如：入土的农药对于土居性有益生物的影响、对于下茬作物的影响（我国在除草剂的使用中已发生过多次对下茬作物造成药害的问题）以及对地下水的影响。涕灭威的使用在有些土壤中容易发生药剂向地下水渗透而造成地下水污染问题。

114

2. 土壤药剂处理方法

（1）土壤全面处理。即对整块农田进行药剂处理，在播种前进行。这种处理方法对土居性病虫害以及杂草的防治比较彻底，但所耗用的农药量也比较大。有些病虫杂草只有采取这种方法才能取得较好的防治效果，例如某些线虫、小麦吸浆虫、枯萎病、黄萎病等。

苗圃土传病虫害和杂草的防治采用土壤全面处理，由于面积较小，处理较为方便，经济效益也比较好。

进行土壤全面处理所采用的方法有很多种，可根据土传病虫害和杂草的种类及其在土壤中的分布状况，特别是在土壤中的分布深度来决定。分布比较浅的可采取喷雾法、撒粉法或撒粒法，分布较深的则需采取浇灌法或土壤熏蒸法。有条件的地方还可以把浇灌法与农田喷灌结合起来进行，称为"化学灌溉法"。

采取撒粉法时，必须结合进行土壤耕耙，才能把药剂较均匀地分布在土壤中。所用药粉最好先用细干土混拌稀释，可以增大体积，便于撒施均匀，并可降低粉粒的飘移危险。撒施完毕，根据农田面积的大小，需用耘锄、耙或圆盘耙处理土壤，把农药深翻入土，并采取交叉耕耙，以便尽量使药剂同土壤混合均匀。

撒施颗粒剂代替撒粉法可以避免粉粒飘扬的问题，但成本稍高。

（2）沟施法。沟施有两种方法。一种是在播种时把药剂施于播种沟中。这种方法要特别注意所用药剂是否对种子有药害以及发生药害的条件，以便预先加以防止。另一种是在作物的行间或行边开沟施药。此法多在作物出苗后或生长中、后期选用。

（3）局部土壤处理。采用营养钵育苗法常把药剂施在钵土中，把营养钵移到田间后，就是一种局部处理。对于株距较大的作物和果树，为了节省用药而把药剂施于株基部周围的土壤中，也是一种局部处理，采用药液浇灌法较多，以利于药剂渗入土面下。用浇灌法时要考虑到药剂的剂型。用可湿性粉剂配液浇灌时，由于土壤对粉状药粒的过滤作用，药剂往往易被截留在土壤表层。所以要把土壤刨松，开一凹沟，以利药剂渗入土壤下部。

在植株基部土面钻孔施药（例如在棉田施用涕灭威），也是一种土壤局部处理。

（四）种苗处理法

把药剂施在种子和苗木上的一种施药法。种苗上往往带菌，在播种和栽植以后引起植株发病。如果预先用药剂处理种子，可防止发病。种苗处理也可保护种苗入土后不受土壤中的病原菌和害虫、线虫的侵袭和危害。

1. 种苗处理法的基本原理　用药剂处理种苗的一个重要技术问题是如何使药剂黏附到种子的表面和苗木的易受害部分。此外必须考虑到，当种子和苗木入土萌发、生长后，药剂是否会引起药害。这两方面的问题与药剂的剂型、理化性质和使用技术都有关系。

（1）药剂的剂型。农药有多种剂型可供选用，但对于种苗处理来说，应根据种苗的种类、药剂的性质以及使用的目的来选择。处理种子时，与种子的大小、表面构造就有很大关系。许多蔬菜种子、玉米、高粱种子表面很光滑，药粉不易黏附上去，尤其当药剂粉粒较粗时更难黏附，所以必须选用专用的拌种用粉剂。棉花种子有一层绒毛极易黏附大量药粉，油菜种子表面也比较容易黏附药粉，不仅要考虑到剂型，还要考虑处理的方法。苗木处理大多是处理根系，虽然沾药粉也是一种处理方法，但更多的是采取药水浸渍法，须选用可配成药水的剂型。另外，种子处理也可以用药水处理，这种方法称为浸种法。

用药粉处理种苗比较简单，用药水处理则问题比较多。因为药剂在水分散状态下特别是水溶液状态下比较活泼，容易对种苗本身直接发生作用。如不注意，很容易引起药害。所以，用药水处理时，不仅要注意掌握药水的浓度，还要控制药水的温度和处理时间的长短。总的规律是，浓度、温度、时间同药害的危险性呈正相关。在保证药效的前提下控制的原则是，药液浓度高时应降低处理温度和缩短处理时间。或者，在浓度不变的条件下，提高温度缩短时间，或延长处理时间而降低处理温度，可以获得相似的防治效果。但究竟选择何种处理条件，则要根据具体情况决定，而且必须参考有关规定，或经过认真的试验。

种衣剂是由农药有效成分和一种黏着剂的特殊加工产物，呈流体状，处理种子后经过干燥，就在种子表面形成一层黏附牢固的药膜。这是国际上早已普遍应用的方法，特别适合种子公司采用。种衣剂中通常加入一定的警戒色以区别于粮食。还有一种种子包衣剂，处理油菜种子后可同时改变种子的外观，把油菜种子包起来呈圆粒状；干燥后播种，可提高种子的流动性，有利于机械化播种。

（2）药剂的理化性质。由于种子带的菌有些在种子外面，如小麦黑穗病；有些在种子里面，如大麦条纹病以菌丝体潜伏种内。杀灭种子表面的病菌对药剂并无特殊要求，只要药剂能同种子表面接触就可发生作用。但潜伏种子内部的病菌则要求药剂能渗透到种子内才能起作用。所以，选用的药剂必须根据病原菌的存在部位来考虑。

采用药粉处理种子，对粉粒细度要求比较严，一般在 5 微米以下的微细粉粒最好，容易黏附。所以，不是任何粉剂都可用来拌种的。可湿性粉剂可以配成药液处理种苗，但不能用于拌种。这种剂型粉粒的细度通常在 40~70 微米，粉粒絮结，成为较大的团粒，不易黏附在种子上。

2. 种苗处理的方法

（1）拌种法。即让干的药粉沾到种子上。一般采用一种能旋转的容器装入种子及称量好的药粉，使之以每分钟 40~50 转的速度旋转，处理数分钟即可。转速不能太快，否则种子由于离心力的作用而附在容器壁上，反而不能与药粉充分拌和。也不宜采用振荡的方法，因为振荡所产生的机械撞击力量会使已拌到种子表面的药粉脱落。

（2）浸种法。即把种子放在药水中浸泡处理。按所用药剂的种类参考该药的使用说明，配成一定的浓度后备用，并调节好药液温度。

把待处理的种子放在粗布袋、纱布袋或细孔塑料网袋（最好）里，先在清水中预浸一下。因为种子浸水后的初始吸水力很高，如果不经清水预浸而直接浸入药水中，比较容易受到药害。预浸后沥干水分，再浸入制备好的药水中，以药水浸没种子为度。掌握好时间，到时间即把种子取出，晾干备用。经过浸种处理的种苗不能再存放。有些种子如水稻，可结合浸泡催芽来进行药剂处理。因为浸泡催芽要较长时间，不仅药剂浓度要比常规浸种法低，而且在此期间应时时翻动种子，使药液浓度经常保持上下均匀。棉花种子浸种往往与温汤浸种的措施结合进行。水稻浸种时间长，棉花温汤浸种温度高，所以两者都不宜使用高浓度药液。

有时浸种后要进行堆放闷种。闷种的目的：一是让某些有汽化性的药剂（如甲醛）能渗透到种内；二是让某些有内吸作用的药剂进入种内。此外，浸过药水的种子经过堆放会产生一定的热量。种子吸水后即开始了呼吸过程，呼吸所产生的热量有利于药剂的渗透并提高杀菌效力。

经过浸种的种子应播在墒情较好的土壤中，不可播入干土中，否则会降低出苗率。因为浸过水的种子已开始萌动，如播在干土中会再次失水使萌动的种子受伤。

多年来棉区用户喜欢采用湿法拌种处理棉籽。即先用热水对棉籽进行温汤浸种，然后捞出棉籽沥去水分，在地上用草木灰搓种，把湿棉籽搓成圆粒状潮湿而分散的籽粒，然后用已加细土稀释了的药粉搓拌到潮湿棉籽上。此法虽然很方便，但往往不易拌匀。使用时应十分仔细。经过硫酸脱绒的棉籽已成为无绒毛的光籽，就比较容易进行拌种。

（3）种衣法。此法必须采用机械进行大批量的处理，由专门人员实施，这里不作详细介绍。我国有专用于种衣处理法的多种衣剂和种衣机，已开始用于小麦、玉米、大豆、花生等作物。

（五）包扎法和注射法

对于果树病虫害的防治，树冠喷药是长期以来采用的方法。但由于树冠大、树叶密，要做到均匀施药是相当困难的。采用常规喷雾方法，不论机动还是手动，均难以喷透，尤其是手动喷洒，即便接了加长杆，由于压力小、雾滴粗，很难穿透浓密的树冠，也难以喷到细小的枝梢部。即使内吸药剂也不可能使树冠部均匀受药。

但是把内吸剂输送到树干内，就可以使药剂达到树冠各个部位。把药剂送到树干内的方法有两种，即包扎法和注射法。药剂也可以从树根系统进入树体内向树冠输送，但这种施药方法属于土壤施药法或根区施药法，前面已作了介绍。

1. 基本原理　内吸药剂在植物体内的输导有向基性输导作用和向顶性输导作用两种方式。目前绝大部分内吸农药是向顶性输导，即药剂施在任何部分，进入植株后都是向植株顶梢部分转移，而不能向下、向后转移。

向顶性疏导的内吸性药剂，其主要运输渠道是植物木质部的导管系统。此类内吸药剂进入植物体最后会进入导管系统，然后随着植物体的蒸腾液流向上运输直到植株顶梢部和叶片。

包扎法和注射法都是采取强制性的办法把药剂送到树干内。两种方法的不同之处是，包扎法把药剂包在树干外，让药剂通过树皮皮孔而进入到木质部或导管系统，而注射法是把药剂直接注入树干，吸收更快。

采取此种施用方法的药剂应能在蒸腾液流中溶解，所以溶解度很低的农药制剂不能运用这两种方法，特别是注射法。

2. 实施方法

（1）包扎法。在树干上刮去一圈粗皮，刮皮部分离地的高度需根据树种、树龄大小而定。包扎用的材料包括吸水性材料和防止药液蒸发的材料。吸水材料可就地取材，吸水性的糙纸、粗布、泡沫塑料片等均可选用。吸水材料的大小和厚度需根据所用药量而定。塑料布或塑料薄膜是最适用的防止蒸发材料，也可用油纸。吸水材料贴住刮去粗皮的树干包成一圈，外边再用塑料布包裹起来，最后用绳把包扎材料扎紧，使之不易脱落。把配好的药液注入吸水材料层中即可。

（2）注射法。各地发展了各种形式的树干注射方法，比较好的方法是使用一种树干注液机。例如一种称为 JZ-3 型手压式树干注液机，主要部件是一手压泵，可产生约 0.3 兆帕的压力，固定在机座上。整机重量约 9 千克，可手提移动。一次压动的注液量为 25 毫升，可连续压动连续注射。

如每棵树注射药液 50~100 毫升，所需时间仅为 2~5 分钟。注射药液量因各种树的材质而异。药液通过导管以及树干上的一只注射针头而进入树干内。针头借助一只螺口固定在树干上。操作时先用手钻直对树干钻出一小孔，直达新生木质部内 1~4 厘米（视树干大小而定），除净孔内木屑，然后把针旋到孔上，针头的进深以针头前方留有 0.5~1 厘米深度的空间为宜。

以上两种方法总的说来都比较费事、费时，主要应用于一般喷雾方法难以取得满意效果的、经济价值较高的果树或树木上，特别是在顶梢部喷药较困难的树木。

与上法近似的一种施药方法是涂茎法，在棉花田曾经采用过，一般在棉花幼株期采用。这种方法是用一种涂茎器把药液涂抹在棉株茎秆的下部，利用药剂的内吸作用而进入茎秆内。此法在操作时效率较低，特别是在未定苗前，由于棉苗高度及排列均不整齐，操作者在进行处理过程中必须注意观察药液是否都已涂到每株苗上，否则很容易遗漏。如果采取窄幅雾流的顺行平行喷雾法，不仅功效要高得多，而且不会发生漏喷现象，操作者无须注意观察每株苗的着药情况。

新编农药安全使用技术 指南

第四章
农药在农产品上的
安全间隔期

作物采收距最后一次施药的间隔天数就是农药安全间隔期，也就是说如果要采摘必须等待施用一定剂量的农药多少天以后才行。控制和降低农产品中农药残留的一项关键措施便是安全间隔期。一般来讲，农药安全间隔期与农药的降解度有关系，易降解的农药安全间隔期就短，反之就长。同时，不同作物上使用同一种农药，也有不一样的安全间隔期，如75%百菌清可湿性粉剂，在苹果上的安全间隔期为20天，在番茄上则为7天。目前，我国多数农药已有相应的安全间隔期，并在农药标签上进行了标注。

第一节　农作物上常用农药的安全间隔期

一、小麦常用农药的安全间隔期

10%氯苯醚菊酯乳油7天，40%乐果乳油10天，25%灭幼脲悬浮剂15天，50%多菌灵可湿性粉剂20天，25%三唑酮可湿性粉剂20天，25%除虫脲可湿性粉剂21天，25%氧环三唑乳油28天，70%甲基硫菌灵可湿性粉剂30天。

二、水稻常用农药的安全间隔期

90%敌百虫晶体 7 天，50%马拉硫磷乳油 7 天，50%倍硫磷乳油 14 天，50%二嗪磷乳油 28 天，25%杀虫双水剂 15 天，25%西维因可湿性粉剂 30 天，10%氯苯醚菊酯乳油早稻 7 天、晚稻 15 天，50%稻丰散乳油 7 天，50%仲丁威乳油 21 天，2%异丙威粉剂 14 天，40%敌瘟磷乳油 21 天，50%杀螟硫磷乳油 21 天，2%春雷霉素水剂 21 天，50%杀虫环可湿性粉剂 15 天，25%噻嗪酮可湿性粉剂 14 天，70%甲基硫菌灵可湿性粉剂 30 天，50%杀螟丹可溶性粉剂 21 天，2%灭瘟素 7 天，75%灭锈胺可湿性粉剂 30 天，50%多菌灵可湿性粉剂 30 天，3%克百威颗粒剂 60 天，20%氟酰胺可湿性粉剂 21 天，25%喹硫磷乳油 14 天、40%稻瘟灵早稻 14 天、晚稻 28 天，50%四氯苯酞可湿性粉剂 21 天，40%异稻瘟净乳油 20 天，75%三环唑可湿性粉剂 21 天，75%百菌清可湿性粉剂 10 天。

三、棉花常用农药的安全间隔期

10%联苯菊酯乳油 14 天，10%高效氯氰菊酯乳油 7 天，20%双甲脒乳油 7 天，10%氯氰菊酯乳油 7 天，20%甲氰菊酯乳油 14 天，50%二嗪磷 41 天，73%炔螨特乳油 21 天，2.5%溴氰菊酯乳油 14 天，75%硫双威可湿性粉剂 14 天，10%氟胺氰菊酯乳油 14 天，35%伏杀硫磷乳油 14 天，5%S-氰戊菊酯乳油 14 天，25%氯氰菊酯乳油 14 天，20%氰戊菊酯乳油 7 天，40.7%毒死蜱乳油 21 天。

蔬菜常用农药的选择及安全间隔期

一、蔬菜使用农药注意的问题

(一) 选用低毒农药

农药种类随着化学工业的发展越来越多，某一种病虫害的防治可以选择多种药剂。为了人畜安全，在防治病虫害的前提下应选择低毒、低残留的农药品种。

(二) 配药浓度要低

确定要选用的农药品种后，应选择药效范围的下限配制药剂。因为施用低浓度的药液，既能保证人畜安全，降低成本，又对残留的病虫个体产生抗药性有预防作用，从而延长农药的使用寿命。

(三) 各种药剂交替使用

如果同一种药剂连续施用，防治对象会产生对药剂的抗性，降低药效。为此，应将一些不同品种药效相同的药剂交替使用，以避免产生抗性。

（四）要注意用药的时间性

用药的时间性包括两层含义：一是要抓住病虫害发生的时机及时用药，越快越好，不要错过产生最佳药效的时间；二是用药时农药的浓度和数量要根据蔬菜的生长期来调整，因为蔬菜不同的生育期对药液的浓度和数量有不同的要求。

二、蔬菜常用农药的安全间隔期

（一）杀菌剂

75%百菌清可湿性粉 17 天，58%瑞毒霉锰锌可湿性粉剂 2~3 天，50%异菌脲可湿性粉剂 4~7 天，

50%乙烯菌核利可湿性粉剂 4~5 天，70%甲基硫菌灵可湿性粉剂 5~7 天，77%氢氧化铜可湿性粉剂 3~5 天，64%噁霜·锰锌可湿性粉剂 3~4 天。

（二）杀虫剂

10%氯氰菊酯乳油 2~5 天，2.5%溴氯菊酯 2 天，1.8%阿维菌素乳油 7 天，2.5%高效氟氯氰菊酯乳油 7 天，10%氟胺氰菊酯乳油 7 天，5%S-氰戊菊酯乳油 3 天，10%α-氯氰菊酯乳油 3 天，50%抗蚜威可湿

性粉剂 6 天，40.7%毒死蜱乳油 7 天，20%甲氰菊酯乳油 3 天，35%伏杀硫磷 7 天，25%喹硫磷乳油 9 天，5%醚菊酯可湿性粉剂 7 天。

（三）杀螨剂

50%溴螨酯乳油 14 天，50%苯丁锡可湿性粉剂 7 天。

三、无公害蔬菜生产用药注意事项

（一）优先选择生物农药

生产中常用的生物杀虫杀螨剂：苏云金杆菌、华光霉素、阿维菌素、茴蒿素、浏阳霉素、鱼藤酮、苦参碱、藜芦碱等。杀菌剂：春雷霉素、井冈霉素、武夷菌素、多抗霉素、农用链霉素等。

（二）合理选用化学农药

（1）严禁使用剧毒、高毒、高残留、高生物富集体、高"三致"（致畸、致癌、致突变）农药及其复配制剂如甲胺磷、六六六、滴滴涕、毒杀芬、二溴氯丙烷、艾氏剂、狄氏剂、甲基对硫磷、甲拌磷、磷化锌、杀虫脒、杀扑磷、久效磷、甲基异柳磷、汞制剂等。

（2）选择高效、低毒、低残留的化学农药，限定的化学农药允许在无公害蔬菜生产中有限制地使用，使蔬菜体内的有毒残留物质量在国家卫生允许标准之内，且在人体中的代谢产物无害，容易从人体内排出，对天敌有小的杀伤力。

第三节 果园农药的选择及安全间隔期

一、果园农药的选择

（一）正确选用农药

严禁使用高毒、致畸、致癌、高残留农药。中毒农药限制使用，提倡使用低毒农药、植物源农药（如烟碱、除虫菊素等）、矿物源农药（波尔多液、石硫合剂、柴油乳化剂等）、微生物农药（如农抗120、多氧霉素、阿维菌素、苏云金杆菌等）、昆虫生长调节剂（如抗蚜威、灭幼脲、噻嗪酮等）。要根据果树的树种、品种、气候条件、生长阶段、病虫害发生现状和以往用药情况等决定农药剂型、种类。购药避免从众心理。阿维菌素是一种抗生素类杀虫杀螨剂，经发酵、提纯等工艺生产，有触杀活性，但胃毒活性更佳，仍能有效防治对其他农药已产生抗性的害虫，对人、畜和天敌没有危害，无污染、无残留，是一种无公害农药。能有效防治红蜘蛛、二斑叶螨、梨木虱、梨二叉蚜、桃蚜、潜叶蛾、梨小食心虫等害虫。除虫脲类杀虫剂：该药属无公害农药。通过抑制昆虫蜕皮而致害虫死亡，市场上销售的有灭幼脲、杀铃脲等。具有触杀和胃毒作用，无内吸作用。除对鳞翅目害虫有效，对鞘翅目、双翅目害虫也有很好的防效，且对人、畜安全，不污染环境，不杀伤天敌，被誉为 21 世纪的农药。新一代杀蚜剂吡虫啉：该药是一种新型高效内吸性杀虫剂，具有胃毒和触杀作用，对现有杀虫剂产生抗性的害虫均敏感，为高浓度产品，防效好，防效期长。对刺吸式口器害虫如蚜虫、梨木虱和叶蝉及鳞翅目害虫防效较好。

（二）果园农药替代

石硫合剂用多硫化钡代替，多硫化钡和石硫合剂的有效成分都是硫元素，石硫合剂能防治的病虫害，多硫化钡也能防治，且有更好的防治效果，另外，多硫化钡还具有价格低廉、省工方便、对作物安全等优点。波尔多液可由 12%绿乳铜乳油和可杀得 2000 倍液替代。绿乳铜和可杀得 2000 倍液比波尔多液杀菌谱广，除防治多种真菌病害，还对细菌性病害有防治作用，与波尔多液一样都不会有抗药性产生。可杀得 2000 倍液和绿乳铜均能与强酸强碱性的多数农药混用，如吡虫啉、扫螨净、阿维菌素、水胺硫磷、氯氰菊酯等，波尔多液却不能与其他农药混用，这两种药品均能进入真菌、细菌细胞内部，将其杀死，而不能进入植物细胞内，故不会对作物有危害。苯并咪唑类杀菌剂可由三唑类杀菌剂取代。三唑类杀菌剂具内吸功能和持效活性及保护治疗作用，不仅对锈病、白粉病有防治作用，

而且能很好地防治担子菌纲、半知菌类和子囊菌纲真菌引起的多种病害，尤其是对较难防治的梨黑星病效果尤佳。甲基对硫磷乳油用蛾蛉速杀、氰戊·马拉松、氯氰·毒死蜱等生物农药和敌敌畏加苏云金杆菌、敌敌畏加氯氟氰菊酯等混配农药代替。用虫螨腈、阿维菌素等代替三氯杀螨醇。用噻嗪酮、乐果等代替氧乐果。用氯唑磷、敌克松及石灰等代替克百威。

二、果园不宜使用的农药

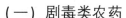

（一）剧毒类农药

剧毒类农药包括乙酰甲胺磷、内吸磷、克百威、甲拌磷、甲基异柳磷、涕灭威、灭线磷、硫环磷、氯唑磷等。果树会很快吸收溶解水后的这类农药，并迅速渗透到果实内，且有较长残效期，施用这类农药的果品被消费者食用后，便会引起慢性积累性中毒，严重时还会有急性中毒死亡事故发生。

（二）高毒且残效期长的农药

这类农药主要包括汞制剂和铅制剂的各种农药。此类农药不但有很高的毒性，而且在土壤中有长达 10~15 年的半衰期。消费者食用了残留这类农药的果品，轻者神经紊乱，重者中毒死亡。

（三）毒性小而残效期长的农药

包括滴滴涕、毒杀芬、杀虫脒、狄氏剂等，这类已禁用农药有较稳定的化学性质，不易挥发分解，使用后残效期长，残留这类农药的果品被消费者食用后，极易引起慢性积累性中毒，摄食过多者也会有急性中毒死亡事故发生。

（四）禁止使用对果树敏感的农药

如猕猴桃对乐果与氧乐果敏感，忌用；梨树对炔螨特与双甲脒敏感，不宜使用；桃、葡萄、苹果的某些品种对稻丰散敏感，易产生药害，不宜使用；桃、李、山楂生长期对波尔多液敏感，无论何种配量都易产生药害，梨、苹果、杏易在石灰低于倍量式时产生药害。山楂、苹果花后或果实生长期喷施波尔多液，有较重果锈，不宜使用；苹果应尽量在生长后期使用；所有的果树品种对二钾四氯与2，4-滴丁酯（2023年1月23日起禁止使用）都十分敏感，故不宜在果树上使用。

三、苹果常用农药的安全间隔期

40%乐果乳油7天，25%三唑锡可湿性粉剂21天，250%溴螨酯乳油21天，2.5%溴氰菊酯乳油5天，50%杀螟硫磷乳油15天，50%异菌脲可湿性粉剂7天，50%辛硫磷乳油7天，20%甲氰菊酯乳油30天，20%二氯苯醚菊酯3天，5%除虫脲可湿性粉剂21天，20%氰戊菊酯乳油14天，75%百菌清可湿性粉剂20天，2.5%溴氯菊酯乳油15天，5%S-氰戊菊酯乳油14天，73%炔螨特乳油30天。

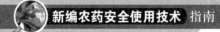

新编农药安全使用技术 指南

第五章

农药中毒及
事故处理

一、安全事故易发期

据统计，在施药季节中相关人员最容易过度接触农药、发生安全事故的时间段有三个时期，应特别注意。

（1）早春。早春是大多数农事开始的季节，在缺乏经验的新员工身上最容易发生农药过度接触污染事件。

（2）夏天高温季节。夏季是农作物病虫害高发期，农药使用频率比其他时段相对高，而且夏季天气炎热，施药人员穿着防护服和呼吸保护器会有很累或者不舒服的感觉，因此施药人员容易冒很大的危险与农药直接接触。而且，炎热的天气很容易引起施药人员脱水，从而使某些农药侵入人体更容易。

（3）收获季节。此时由于工作量大，工人和机器都有较大压力，往往容易不太在意，如有机磷、氨基甲酸酯类杀虫剂等小剂量的农药被反复摄入，开始表现症状不会很明显，但长期如此，则会引起胆碱酯酶下降，不良反应发生。同时，由于使用了一个季节，器械的功能有所降低，存在潜在危险。

二、农药中毒产生的原因

农药中毒有生产性农药中毒和非生产性农药中毒两类。

（一）生产性农药中毒

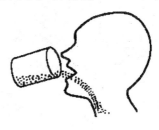

农药在使用过程中发生的中毒叫生产性中毒，其原因如下。

（1）施药方法不正确，如人向前行左右喷药，打湿衣裤；几架药械同时喷药，未按梯形前进和下风侧先行，引起相互影响，造成污染。

（2）配药不小心，药液污染手部皮肤，又没有及时洗消；下风配药或施药，吸入农药过多。

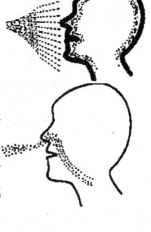

（3）喷雾器漏药，或在发生故障时徒手修理，甚至用嘴吹堵在喷头里的杂物，造成农药污染皮肤或经口腔进入人体内。

（4）喷药后未洗手、洗脸就吃东西、喝水、吸烟等。

（5）连续施药时间过长，经皮肤和呼吸道进入的药量过多；或安排劳力不当，在施药后不久的田内劳动。

（6）不注意个人防护，如不穿长袖衣、长裤、胶靴，赤足露背喷药；配药、拌种时不戴橡皮手套、防毒口罩和护目镜等。

（7）在科研、生产、运输和销售过程中因意外事故或防护不严污染严重而发生中毒。

（二）非生产性农药中毒产生的原因

在日常生活中接触农药而发生的中毒叫非生产性中毒，主要原因如下。

（1）乱用农药，如用高毒农药灭虱、灭蚊、治癣或其他皮肤病等。

（2）施药后田水遗漏或清洗药械，污染了饮用水源。

（3）保管不善，把农药与粮食混放，吃了被污染的粮食而中毒。

（4）食用近期施药的瓜果、蔬菜、拌过农药的种子或农药毒死的畜禽、鱼虾等。

（5）用农药包装品装食物或用农药空瓶装油、酒等。

（6）有意投毒或因寻短见服农药自杀等。

（7）意外误接触农药中毒。

（三）影响农药中毒的相关因素

1. 农药剂型　乳油发生中毒较多，粉剂中毒少见，颗粒剂、缓释剂较为安全。

2. 农药品种及毒性　农药的毒性越大，造成中毒的可能性就越大。

3. 施药方式　撒毒土、泼浇较为安全；喷雾发生中毒较多。

4. 气温　气温越高，中毒人数越集中。有90%左右的中毒患者发生在气温30℃以上的7~8月份。

第二节 农药中毒事故的处理

一、因地制宜进行现场急救

整个抢救工作的关键是现场急救，目的是将中毒者救出现场，防止毒物继续吸收，并给予必要的紧急处理，保护已受损伤的身体，为进一步治疗赢得时间。

采取急救措施时应根据农药的品种、中毒方式及中毒者当时的病情。

利用当地现有医疗手段，对中毒者进行必要的现场紧急处理。对出现呼吸停止或心跳停止的严重中毒者，应立即按常规医疗手段进行心肺脑复苏。如呼吸急促、脉搏细弱，应进行人工呼吸（有条件的可使用呼吸器），给予吸氧，针刺人中、内关、足三里，或注射呼吸兴奋剂等。如出现抽搐现象，可用安定类药物控制。

（1）立即使患者脱离农药和污染环境，转移至空气新鲜处，松开衣领，使呼吸畅通，必要时吸氧和进行人工呼吸。

（2）用大量清水冲洗被污染的皮肤和眼睛。

（3）救援者穿上靴子、戴上手套，尽快给患者脱下被农药污染的衣服和鞋袜，然后把污物冲洗掉。在缺水的地方，在去医院治疗之前，必须将污物擦干净。

（4）误服农药的需饮水催吐，但吞食腐蚀性毒物的不能催吐。

（5）中毒者出现惊厥、昏迷、呼吸困难、呕吐等情况时，在护送去医院前，除检查、诊断，应给予必要的应急处理：如取出义齿，将舌引向前方，保持呼吸畅通，使人仰卧、头后倾，以免吞入呕吐物，以及一些对症治疗的措施。

（6）心脏停搏时进行胸外心脏按压。

中毒事故发生后，科学地适当急救是非常重要的，但是急救不能代替专业的治疗。急救只是在不能获得专业医疗之前给患者减轻症状的一种措施。发生农药中毒紧急事件时，立即拨打求救电话，要像发生火灾、交通事故一样，病人获得专业医疗治疗越快，康复的机会就越大。

二、向医生叙述情况

在现场急救的基础上，中毒者应立即被送医院抢救治疗。

医院内急救除了要根据中毒者的症状和病情实施常规的医疗救助手段外，还应根据医生很少接触农药中毒特点采取相应的医院内的抢救措施。

医生很少接触农药中毒的病例，不会十分清楚农药中毒的症状和处理方法，而且农药中毒症状与其他疾病和中毒症状很相似。因此，发生中毒事件后，病人应将与农药的接触史主动告诉医生，包括与农药接触的过程、接触方式（如误服、误用、不遵守操作规程等）、农药种类并出示农药的包装。如中毒严重不能自述，周围人及家属应尽量将中毒的过程和细节叙述详细，使医生对中毒症状及时准确掌握并及时采取治疗方法和使用对症的解毒剂。

非医务人员千万不要自带或给他人使用任何解毒剂，解毒剂只能在医生的指导下使用。

三、去除农药污染源

（一）经皮肤引起的中毒者

根据现场观察，如发现身体有被农药污染的迹象，应立即脱去被污染的衣裤，用清水迅速冲洗干净，或用肥皂水（碱水也可）冲洗。如是敌百虫中毒，则不能用碱水或肥皂，只能用清水冲洗。若农药溅入眼内，立即连续用淡盐水冲洗干净，然后有条件的话，可滴入 0.25% 氯霉素眼药水和 2% 可的松，严重疼痛者，可滴入 1%~2% 普鲁卡因溶液。

（二）吸入引起的中毒者

观察现场，如中毒者周围空气中有很浓的农药味，可判断为吸入中毒，应把中毒者立即转移至空气新鲜的地方，解开衣领、腰带，将义齿及口、鼻内可能有的分泌物去除，使中毒者仰卧并头部后仰，保持畅通的呼吸，身体要注意保暖。

（三）经口引起的中毒者

应尽早采取引吐洗胃、导泻或对症使用解毒剂等措施。但一般在现场条件下，引吐的措施来排出毒物只能对神志清醒的中毒者采取（昏迷者待其苏醒后进行引吐）。引吐的简便方法是给中毒者喝200~300毫升水（浓盐水或肥皂水也可），然后用干净的手指或筷子等刺激咽喉部位引起呕吐，并保留一定量的呕吐物，以便化验检查。

四、急救注意事项

（1）急救农药中毒者，应尽快诊断明确，确定中毒原因。如遇急性中毒或慢性中毒急性发作而无法迅速作出判断时，应根据中毒症状表现，边抢救边检查病因，争取时间，不要耽误治疗。

（2）在有条件的情况下医院内的急救手段，可在中毒现场第一时间内实施，为减少中毒造成的身体损伤及挽救生命创造条件。

（3）应根据不同农药品种引起的中毒特点及中毒者症状表现使用急救措施。相应的急救措施应根据引起中毒的农药采用，根据中毒程度的不同采取相应的治疗手段。

（4）须在人的神志清醒时采用引吐，不能在中毒昏迷时使用，以免因呕吐物进入气管造成危险。

（5）应在中毒者清醒时进行洗胃。抽搐者应控制抽搐后再行洗胃。洗胃插胃管时动作要轻，避免胃出血、胃穿孔等并发症发生。中毒者服用腐蚀性农药，可先行引吐，不宜洗胃，然后口服蛋清及氢氧化铝胶、牛奶等，以保护食道及胃黏膜。

（6）特效解毒剂的品种在不断增加，但很多毒物尚无特效解毒剂。因此在急救治疗过程中，不能忽略其他综合治疗手段而单纯依赖解毒剂。同时，由于有些解毒剂本身就可造成毒害作用，使用时应对症下药。

第三节 预防农药中毒的注意事项

一、对农药使用者的医学监管

接触和使用氨基甲酸酯类、有机磷类等胆碱酯酶抑制剂类的农药人员，胆碱酯酶的血液检测非常必要，应在施药的季节内定期到医院检测。在施药季节应每周检测一次，观察胆碱酯酶是否正常，为个人建立一条在正常情况下的血液中胆碱酯酶量的参考基线。如果胆碱酯酶检测值比其基值低50%，应当停止从事与有机磷农药、氨基甲酸类农药有关的工作，改良工作习惯，并在胆碱酯酶值回归正常时才能继续工作。

对农作物病、虫、草、鼠害，要按照当地植保技术推广人员的推荐意见，采用综合防治（IPM）技术，当使用农药防治时，选择对路农药，用正确的施用方法，施用经济有效的农药剂量，在适宜的施药时期，不得随意加大施药剂量和改变施药方法。

二、减少中毒事故的几点做法

农药使用者在从事接触农药的工作中减少中毒事故的发生可采取以下措施。

（1）在使用农药前仔细阅读标签，并且操作时遵循标签上的告示。用药前，必须了解所用农药的安全间隔期，保证农产品采收上市时农药残留不超标。必须注意农药安全间隔期即最后一次施药至作物收获时的间隔天数。

（2）尽量不单独工作，年老、体弱、有病的人员以及儿童，孕期、经期、哺乳期妇女不能施用农药。工作时始终穿上专用防护服。田间施用农药时，必须穿防护衣裤和防护鞋，戴帽子、防毒口罩和防护手套。

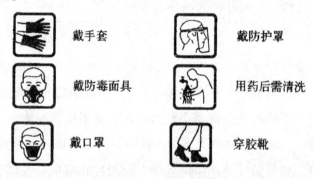

（3）必须单独运输农药。修建专用库房或箱柜上锁存放农药，并有专人保管，防止孕妇和儿童进入农药库房。农药不得与食品及日用品等物品混运、混存。

（4）要及时正确维修施药机械出现的滴漏或喷头堵塞等故障，禁止用滴漏喷雾器施药，更不能用嘴直接吹吸堵塞的喷头。确保使用的装备是干净的，装备须经过校准和确保工作正常。

（5）配制农药，要选择专用器具量取和搅拌农药，绝不能直接用手取药和搅拌农药。在户外混配农药，如果必须在室内混配应确保混配区域，无小孩或家畜家禽。

（6）在混配或处理农药时，避免吃、喝、抽烟以及用手擦脸或揉眼。

（7）在拆封袋装或罐装农药包装时，尽量保持标签的完好，使用完后立即将包装重新密封。

（8）按照推荐比例准确计算用量。

（9）要慢慢倒灌液体、粉剂、尘粉剂，避免任何溅洒或滴漏。

（10）当发生溅洒时，应立即将被污染的衣服脱掉，用肥皂和水彻底清洗皮肤，换上干净的防护服，将溅洒的物质清理。施药结束后，要立即用肥皂洗澡和更换干净衣物，并及时洗净施药时穿戴的衣裤鞋帽。

（11）始终要选择适宜的天气施用农药。夏季高温季节喷施农药，要在上午 10 时前和下午 3 时后进行，中午不能喷药。施药人员每天喷药时间一般不得超过 6 小时。田间喷洒农药，要注意风力、风向及晴雨等天气变化，应在无雨、3 级风以下天气施药。下雨和 3 级风以上天气不能施药，更不能逆风喷洒农药。

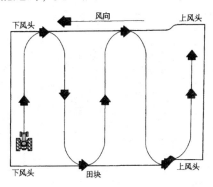

（12）带上一定量的干净水，用于紧急情况下清洗眼睛和皮肤；施药人员有头疼、头昏、恶心、呕吐等农药中毒症状出现时，应立即离开施药现场，将污染衣裤脱掉，及时带上农药标签到医院治疗。

（13）处理完农药之后，以及在吃、喝、抽烟或进入休息室之前，应彻底清洗，将手脸洗净后方可抽烟、用餐、饮水和从事其他活动。配药、施药现场，严禁抽烟、用餐和饮水。

（14）千万不要将农药遗忘在田野、工作场所或交通工具上。施过农药的地块要竖立警告标志，在一定时间内，禁止进入田间进行放牧、割草、挖野菜等农事操作。

（15）预先做好施药计划。蔬菜、果树、茶树、甘蔗、花生、中草药材等作物，严禁使用国家明令限用的高毒、高残留农药，以防食用者中毒和农药残留超标。

（16）把农药存放在原先的容器中并保持密封。农药应用原包装存放，不能用其他容器盛装。农药空瓶（袋）应在清洗 3 次后，远离水源深埋或焚烧，不得随意乱丢，不得盛装其他农药，更不能盛装食品。

第六章

农药常用
新品种

第一节 杀虫剂和杀螨剂

一、除虫脲

其他名称：敌灭灵、伏虫脲、灭幼脲 1 号、锐宝、伟除特、卫扑

英文名称：diflubenzuron

化学名称：1-（4-氯苯基）-3-（2，6-二氟苯甲酰基）脲

分子式：$C_{14}HgClF_2N_2O_2$

（一）作用特点

为苯甲酸基苯基脲类除虫剂，主要作用是胃毒和触杀。害虫接触药剂后，在蜕皮时不能形成新表皮，虫体畸形而死亡。有比较慢的杀死害虫速度。纯品为白色结晶，原粉为白色至黄色结晶粉末，不溶于水，与大多数有机溶剂不相溶。对光、热比较稳定，遇碱易分解，在酸性和中性介质中稳定。对人、畜、蜜蜂、鱼等有较低毒

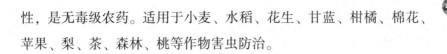

性，是无毒级农药。适用于小麦、水稻、花生、甘蓝、柑橘、棉花、苹果、梨、茶、森林、桃等作物害虫防治。

（二）使用方法

5%乳油；20%悬浮剂；制剂有5%、25%可湿性粉剂。

（1）防治二化螟、稻纵卷叶螟，每亩用25%乳油 30~40 克兑水 40~60 升喷雾。

（2）防治玉米螟，在幼虫初孵期或产卵高峰期，每亩用25%乳油 20~30 克喷雾或 40~80 克兑 100 升水灌心。

（3）防治菜青虫、小菜蛾，在幼虫发生初期，每亩用25%乳油 40~60 克兑水 40~60 升喷雾。

（4）防治松毛虫、天幕毛虫、杨毒蛾，在幼虫 3~4 龄期，每亩用25%乳油 8~12 克兑水 40~60 升喷雾。

（5）防治柑橘木虱、潜叶蛾、锈壁虱，用25%乳油 2500~4000 倍液喷雾。

（6）防治斜纹夜蛾、甜菜夜蛾，在产卵高峰期或幼虫发生初期，每亩用25%乳油 20~30 克兑水 40~60 升喷雾。

（三）注意事项

（1）施药时应掌握在成虫产卵期或幼虫低龄期，要注意药量，力求均匀不要漏喷。

（2）应贮于阴凉、干燥、通风良好处，远离食品、饲料，避免接触儿童。

（3）不能与碱性物质混合。

（4）应遵守一般农药安全操作规程，避免眼睛和皮肤接触药液；避免吸入该药尘雾和误食。

二、灭幼脲

其他名称：苏脲 1 号、扑蛾丹、蛾杀灵、灭幼脲 3 号、虫索敌、劲杀幼、卡死特

英文名称：chlorbenzuron

化学名称：1-（4-氯苯基）-3-（2-氯苯甲酰基）脲

分子式：$C_{14}H_{10}Cl_2N_2O_2$

（一）作用特点

属于苯甲酰基脲类杀虫剂，以胃毒作用为主，兼有触杀作用，无内吸传导作用。在田间降解缓慢，耐雨水冲刷，持效期较长。对抗性害虫防效好。对蔬菜、果树等很适用，对鳞翅目、鞘翅目、直翅目、双翅目等害虫有很高的毒杀活性，对白粉虱、蚜虫、蓟马防效差。

（二）使用方法

15%烟剂；制剂有 25%悬浮剂。

（1）防治菜青虫、小菜蛾，于 2 龄幼虫前或卵孵盛期，每亩用 25%悬浮剂 80~120 克兑水 40~60 升喷雾。

（2）防治桃小食心虫、茶尺蠖、枣步曲，用 25%悬浮剂 2000~3000 倍均匀喷雾。

（3）防治黏虫，每亩用25%悬浮剂100克兑水40~60升喷雾。

（三）注意事项

（1）要比有机磷和拟除虫菊酯类农药提前2~3天使用。

（2）避免污染水源。

（3）桑园禁用。

（4）不能与碱性物质混用。

（5）农产品收获前10天应停止使用。

三、虫酰肼

其他名称：米满、蛾罢、菜螨、阿赛卡、蛾冠、博星、阿隆索

英文名称：tebufenozide

化学名称：N-特丁基-N'-（4-乙基苯甲酰基）-3，5-二甲基苯酰肼

分子式：$C_{22}H_{28}N_2O_2$

（一）作用特点

属于非甾族新型昆虫生长调节剂，是最新研发的昆虫激素类杀虫剂。有很高杀虫活性，较强选择性，能有效防治所有鳞翅目幼虫，对抗性害虫棉铃虫、甜菜夜蛾、菜青虫、小菜蛾等有特效。并且杀卵活性极强，对非靶标生物更安全。不会刺激眼睛和皮肤，对哺乳动物、鸟类、天敌均十分安全，对高等动物无致畸、致癌、致突变

作用。可用于防护果树、蔬菜、森林、水稻、浆果、坚果。

(二) 使用方法

20%可湿性粉剂，制剂有20%、24%、30%悬浮剂。

（1）防治枣、苹果、梨、桃等果树卷叶虫、食心虫、各种刺蛾、各种毛虫、潜叶蛾、尺蠖等害虫，用20%悬浮剂1000~2000倍液喷雾。

（2）防治蔬菜、棉花、烟草、粮食等作物的抗性害虫棉铃虫、小菜蛾、菜青虫、甜菜夜蛾及其他鳞翅目害虫，用20%悬浮剂1000~2500倍液喷雾。

(三) 注意事项

（1）对鸟无毒，对鱼和水生脊椎动物有毒。不要将药液直接洒到水面及水源处，废液应妥善处理。

（2）桑园禁用。

（3）每年最多使用4次，安全间隔期14天。

（4）杀卵效果较差，施用时应在卵发育末期或幼虫发生初期效果最好。

（5）应贮于阴凉、干燥、通风良好处，远离食品、饲料，避免接触儿童。

四、马拉硫磷

其他名称：马拉松、防虫磷、粮泰安

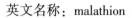

英文名称：malathion

化学名称：O，O-二甲基-S-［1，2-双（乙氧基甲酰）乙基］二硫代磷酸酯

分子式：$C_{10}H_{19}O_6PS_2$

（一）作用特点

属于非内吸的广谱性杀虫剂，具有良好触杀和熏蒸作用，进入虫体后首先被氧化成毒力更强的马拉氧磷，强大的毒杀作用能充分发挥，而当进入温血动物体内时，则被在昆虫体内所没有的羧酸酯酶水解，因而失去毒性。

（二）使用方法

70%乳油，45%乳油。以45%乳油为例，见表3。

表3 马拉硫磷的使用技术和使用方法

作物或范围	防治对象	制剂用药量	使用方法
茶树	长白蚧、象甲	450~720 倍液	
豆类	食心虫、造桥虫		
蔬菜	黄条跳甲、蚜虫	5~110 克/亩	喷雾
水稻	叶蝉、飞虱、蓟马		
果树	椿象、蚜虫	1350~1800 倍液	
林木、农田	蝗虫	65~90 克/亩	

（三）注意事项

每季最多使用次数及安全间隔期为黄瓜2次3天，茶叶1次10天，萝卜3次10天，甘蓝2次7天，豆类2次7天，水稻3次14

天，勿在安全间隔期内进行采收。对蜜蜂、鱼类等水生生物、家蚕有毒，蜜源作物花期、蚕室和桑园附近禁用，施药期间应避免对周围蜂群的影响。施药时远离水产养殖区，施药器具禁止在河塘等水体中清洗。本品不可与呈碱性的农药等物质混合使用。

五、茚虫威

其他名称：安打、安美

英文名称：indoxacarb

化学名称：7-氯-2，3，4a，5-四氢-2-［甲氧基羰基（4-三氟甲氧基苯基）氨基甲酰基］茚并［1，2-e］［1，3，4-］噁二嗪-4a-羧酸甲酯

分子式：$C_{22}H_{17}ClF_3N_3O_7$

(一) 作用特点

有触杀作用，主要是把害虫神经细胞中的钠通道阻断，使靶标害虫协调差、麻痹，最终死亡。药剂通过触杀和摄食进入虫体，害虫的行为迅速变化，导致害虫摄食迅速终止，从而极好地保护了靶标作物。

(二) 使用方法

150克/升乳油，30%水分散粒剂，150克/升悬浮剂。以150克/升悬浮剂为例，见表4。

表4 茚虫威的使用技术和使用方法

作 物	防治对象	制剂用药量	使用方法
十字花科蔬菜	小菜蛾	10~18 毫升/亩	喷雾
	菜青虫	5~10 毫升/亩	

（三）注意事项

每季作物最多使用 3 次，十字花科蔬菜上有 3 天安全间隔期。本品对蜜蜂、家蚕有毒，施药期间应避免对周围蜂群的影响。禁止在蜜源作物花期、蚕室和桑园附近施用。远离水产养殖区，施药器具禁止在河塘等水体中清洗。

六、丙溴磷

其他名称：溴氯磷

英文名称：profenofos

化学名称：O-乙基-O-（4-溴-2-氯苯基）-S-丙基硫代磷酸酯

分子式：$C_{11}H_{15}BrClO_3PS$

（一）作用特点

具内吸、触杀、胃毒作用，是一种的广谱有机磷杀虫剂。在植物叶片上有较好的渗透性。其作用机制是抑制昆虫体内胆碱酯酶。

（二）使用方法

500 克/升、720 克/升乳油，20%、40% 乳油，30% 微乳剂，

10%颗粒剂等。以40%乳油为例，见表5。

表5 丙溴磷的使用技术和使用方法

作　物	防治对象	制剂用药量	使用方法
十字花科蔬菜	小菜蛾	60~80毫升/亩	喷雾
	水稻	80~100毫升/亩	

（三）注意事项

甘蓝安全间隔期为14天，每季最多使用2次；在水稻上的安全间隔期为21天，每季最多使用3次。本品对苜蓿和高粱敏感，施药时应避免药液飘移到上述作物上，以防药害。对蜜蜂、鱼类等水生生物有毒，不可污染池塘等水域，不可污染蜜源植物。禁止在河塘等水域清洗施药器械。本品不宜与碱性物质混用。

七、阿维菌素

其他名称：螨虫素、齐螨素、害极灭、杀虫丁

英文名称：avermectin

分子式：$C_{48}H_{72}O_{14}$（B_{1a}）·$C_{47}H_{70}O_{14}$（B_{1b}）

（一）作用特点

该产品属大环内酯类抗生素，具有触杀、胃毒作用，其优点是高效、广谱、用药量小、持效期长等。能很好地防治各种作物的螨类和抗药性小菜蛾等害虫。原药外观为黄褐色黏稠状液体，熔点为150~155℃，蒸气压为199.98纳帕。不溶于水和石油醚，易溶于甲

苯、甲醇、乙醇、丙酮、氯仿等有机溶剂。制剂外观呈疏松灰白色粉末状，pH 为 6.5~7.5 时通过 320 目筛的有 90% 以上，大于 70% 的悬浮率，具有合格的冷、热贮存稳定性。

（二）使用方法

0.5%、1%、1.8%、3.2%、5% 阿维菌素乳油，1.8%、3%、5% 阿维菌素微乳剂，0.5%、1%、1.8% 阿维菌素可湿性粉剂。喷雾。

（三）注意事项

（1）本品不能与碱性物质混用，或前后立即交替使用。

（2）最后一次施药至作物收获时允许间隔天数为 7 天，每季最多使用次数 1 次。

（3）使用完毕后应及时清洗药械。用过的容器应妥善处理，不可做他用，也不可随意丢弃。不可将残留药物、清洗液倒入江河、鱼塘等水域。

（4）操作本品时应戴防护手套、口罩，穿干净防护服，不饮食、不抽烟。避免药品与皮肤、眼睛直接接触，预防由口、鼻吸入。

（5）为减缓害虫的抗药性，请注意与其他农药轮换使用。

（6）避免在烈日、大风及下雨等天气条件下施药。

（7）使用完毕后应及时用肥皂和流动清水冲洗裸露的皮肤和衣服。

（8）中毒症状表现为肌肉颤抖，行动失调，瞳孔放大，严重时导致呕吐。不慎吸入，病人应被移至空气流通处。皮肤不慎接触或眼睛溅入此药，应至少用大量流动清水冲洗 15 分钟。误服应立即送病人去医院诊治并携带此药标签，若病人十分清醒，可用吐根糖浆诱吐，但若患者昏迷不要进行催吐或灌任何东西。无特殊解毒剂，可对症治疗。

（9）避开蜜蜂、家蚕、水生生物等敏感区域和作物种类使用。

八、桉油精

其他名称：桉树脑、桉叶素、桉树醇、蚊菌清

英文名称：eucalyptus

化学名称：1，3，3-三甲基-2-氧双环 [2，2，2] 辛烷

分子式：$C_{10}H_{18}O$

（一）作用特点

桉叶油为植物源杀虫剂，其作用是触杀、熏蒸和驱避，主要对昆虫的乙酰胆碱酯酶的活性有抑制作用，致使昆虫的神经传导紊乱，导致死亡。母液和制剂外观为液体呈透明状，悬浮物或沉淀物均不存在。相对密度 0.904~0.925，熔点 1~2℃，沸点 176~177℃，折光率（20℃）1.457。难溶于水，可与醚、氯仿、醇类、冰乙酸或植物油混溶。在热、冷和弱酸性条件下稳定。

（二）使用方法

喷雾，使用药量为有效成分 52.5~75 克/公顷（折成5%可溶液

剂制剂量为每亩70~100毫升)。有较好速效性,7天左右的持效期,对作物安全。

(三) 注意事项

(1) 用过的容器应妥善处理,不可做他用,也不可随意丢弃。

(2) 在配制药液时,充分搅拌均匀。

(3) 天气不良时不要施药。

(4) 使用本品时应穿戴防护服和手套,避免吸入药液。施药期间不可吃东西和饮水,施药后应及时洗手和洗脸。

(5) 本品低毒,但对蜜蜂、鱼类、鸟类有毒性,在使用时,不要在蜜蜂经常采蜜的花期作物上使用,不要让药剂污染河流、水塘及其他水源和雀鸟聚集地。

(6) 不能与波尔多液等碱性物质混用。

(7) 用肥皂和大量清水冲洗接触药的皮肤;不慎入眼睛,用清水冲洗15分钟以上;如误服,携带标签或包装立刻到医院遵医嘱对症治疗。

九、毒死蜱

其他名称:乐斯本

英文名称:chlorpyrifos

化学名称:O,O-二乙基-O-(3,5,6-三氯-2-吡啶基)硫代磷酸酯

分子式:$C_9H_{11}Cl_3NO_3PS$

（一）作用特点

对高等动物急性经口毒性中等，经皮毒性低，在高等动物体内会很快降解为无毒物质，对人体皮肤有明显刺激作用，对眼睛有轻微刺激作用。对鱼、虾高毒，对蜜蜂有毒。在碱性介质或无机盐含量高的水溶液中会分解。对铜和黄铜有腐蚀性。毒死蜱为广谱性杀虫杀螨剂，具有触杀、胃毒、熏蒸及一定内渗作用。在叶面上持效期较短，药效期一般为 5~7 天。在土壤中持效期长，可达 2~4 个月，且药效不受土壤温湿度及施肥的影响，特别适合防治土壤害虫。对一般作物安全，但烟草较敏感。

（二）使用方法

制剂有 48%、20%、52.25% 乳油，兑水喷雾，防治水稻螟虫、纵卷叶螟、飞虱、蓟马、稻瘿蚊，棉花棉铃虫、蚜虫、盲蝽、叶螨，十字花科蔬菜的菜青虫、小菜蛾、菜蚜，苹果树食心虫、小卷叶蛾、棉蚜、山楂红蜘蛛，柑橘树红蜘蛛、锈壁虱、矢尖蚧，茶树茶尺蠖、茶毛虫、茶刺蛾、叶螨等害虫害螨。用药液灌根法或毒土法防治韭菜根蛆、花生地蛴螬、蔗龟等地下害虫。还可用于防治卫生害虫及家畜、家禽体外寄生虫。

（三）注意事项

（1）不能与强酸、强碱性物质混用。

（2）属于限制使用农药，禁止在蔬菜上使用。在下列食品上的最大残留限量（毫克/千克）为：稻谷、小麦 0.5，玉米、甘蔗 0.05，棉籽 0.3，大豆 0.1，柑橘、苹果、荔枝 1。

（3）对鸟类、蜜蜂、家蚕、水蚤类和藻类有毒。在鸟类保护区禁用，开花植物花期禁用，蚕室和桑园附近禁用。应远离水产养殖区，禁止在河塘等水域中清洗施药器具，避免污染水源。

十、二嗪磷

其他名称：二嗪农、地亚农、大亚仙农

英文名称：diazinon

化学名称：O，O-二乙基-O-（2-异丙基-6-甲基嘧啶-4-基）硫代磷酸酯

分子式：$C_{12}H_{21}N_2O_3PS$

（一）作用特点

中等毒性，可通过人体皮肤被吸收，但在体内易于被降解与排泄。对鱼类毒性中等，对蜜蜂高毒。杀虫谱广，还具有一定杀螨作用与杀线虫作用。对害虫具触杀、胃毒、熏蒸作用及一定的内渗作用，对虫卵、螨卵也有一定杀伤。叶面施药持效期较短，土壤施药持效期较长，适于防治土壤害虫。施药后在作物上残留量低。

（二）使用方法

制剂主要有50%乳油，对水喷雾防治水稻、棉花、蔬菜、果树

等作物上多种咀嚼式、刺吸式口器害虫，钻蛀性害虫及叶螨，对某些钻蛀性鳞翅目害虫施药时间可提前到产卵盛期，以利用其杀卵活性；药液土壤处理或种子处理，防治小麦、玉米、高粱、花生等作物地中的蝼蛄、蛴螬等土壤害虫。此外，还可用来防治卫生害虫和家畜体外寄生虫。

(三) 注意事项

一般使用下无药害，但一些品种的苹果和莴苣较敏感。制剂不能用铜或铜合金容器盛装，也不能与铜制剂混用。二嗪磷虽中等毒性，但使用安全，也没有残留与环境污染问题。不但杀虫谱及应用范围广，且由于化学结构上有杂环，防治对其他一些杀虫剂已有抗药性的害虫有效。可惜因成本略高，药效不太高，在我国始终未大量使用。

十一、敌百虫 ◀◀◀

英文名称：trichlorfon

化学名称：O，O-二甲基-（2，2，2-三氯-1-羟基乙基）膦酸酯

分子式：$C_4H_8Cl_3O_4P$

(一) 作用特点

纯品呈无色结晶粉末状，工业品 78～80℃，熔点 83～84℃。相对密度 1.73（20℃）。20℃蒸气压为 1.0 毫帕，溶解度（25℃）：溶于乙醇和大多数氯代烃类、苯，不溶于石油，微溶于四氯化碳和乙

醚；水 154 克/升，室温中稳定，但在热水中和 pH 小于 5.5 及碱性液中变成敌敌畏。半衰期在室温内为 526 天。乙酰胆碱酯酶抑制剂。对害虫胃毒作用较强，兼有触杀作用，对植物具有渗透性，不具内吸传导作用。主要对蔬菜、茶树、果树、桑树、棉花、水稻、麦类等作物上的咀嚼式口器害虫及家畜寄生虫、卫生害虫的防治适合。

(二) 使用方法

50%、80%可溶性粉剂，30%、40%乳油。

（1）防治水稻二化螟等害虫。每亩用 80% 可溶性粉剂：150～200 克，兑水 75～100 千克喷雾。此药量还可以防治稻铁甲虫、稻苞虫、稻纵卷叶螟、稻潜叶蝇、稻蓟马、稻叶蝉、稻飞虱等害虫。

（2）防治地老虎等地下害虫。每亩用 80% 可溶性粉剂 80～120克，兑水喷雾拌入 3 千克棉饼内，或均匀拌入 10～15 千克切断（3～4 厘米）的鲜草内，于傍晚顺行撒施于作物根部诱杀。

（3）防治黏虫等害虫。每亩用 80% 可溶性粉剂 150～180 克，兑水 50～75 千克喷雾。

（4）防治蔬菜烟青虫、黄守瓜、黄条跳甲等害虫。每亩用 80%可溶性粉剂 80～100 克兑水均匀喷雾。对葱蛆、萝卜蛆、白菜蛆等用1000～1500 倍液灌根。

(三) 注意事项

（1）玉米、苹果对敌百虫较敏感，施药时要注意。

（2）药剂稀释液不宜放置过久，应现配现用。

（3）对蜜蜂有毒。

第二节 杀鼠剂

一、溴鼠灵

其他名称：大隆、溴鼠隆、溴联苯鼠隆

英文名称：brodifacoum

化学名称：3-［3-（4'-溴联苯基-4-基）-1，2，3，4-四氢-1-萘基］-4-羟基香豆素

分子式：$C_{31}H_{23}BrO_3$

（一）作用特点

属于第二代抗凝血杀鼠剂，毒力强，靶谱广，在抗凝血剂中属第一，其双重优点属于急性和慢性杀鼠剂。与其他抗凝血剂的毒理作用类似，主要对凝血酶原的合成有阻碍作用，对微血管造成损害，导致大出血而死。一般3~5天是中毒潜伏期。猪、狗及鸟类较敏感，对其他动物没有很大危害。

(二) 使用方法

0.005%毒饵,使用方法见表6。

表6 溴鼠灵的使用技术和使用方法

使用范围	防治对象	制剂用药量	使用方法
农田	田鼠	饱和投饵	堆施

(三) 注意事项

按鼠洞投放,每洞10克;也可投放在田埂、地边,每5米×10米投一堆,每堆10克;家禽、牲畜在投放药剂后禁止进入。

二、溴敌隆

其他名称:乐万通

英文名称:bromadialone

化学名称:3- [3- (4-溴联苯-4-基) -3-羟基-1-苯丙基] -4-羟基香豆素

分子式:$C_{30}H_{23}BrO_4$

(一) 作用特点

是毒性大、靶谱广、适口性好的高效杀鼠剂,不但具备杀鼠迷、敌鼠钠盐等第一代抗凝血剂作用缓慢、不易引起鼠类惊觉、容易全歼害鼠的特点,而且具有急性毒性强的突出优点,单剂量使用能有效地防除各种鼠类。

（二）使用方法

0.005%颗粒剂，0.005%、0.01%毒饵。以0.005%毒饵为例，使用方法见表7。

表7 溴敌隆的使用技术和使用方法

使用范围	防治对象	制剂用药量	使用方法
室内、外	家鼠	饱和投饵	穴施或堆施

（三）注意事项

每15平方米投放3~4堆在室内，每堆10~15克；将毒饵放入一次性盛器内，可防止毒饵变质发霉产生异味，对鼠类摄食造成影响，每处相隔5米，放两处在鼠洞或明显的鼠道旁，每天下午6点左右投饵，第二天查补，吃多少补多少，吃光的地方加倍补投，7天之内要连续投补。死亡高峰出现在投饵4~6天，灭鼠率大于90%。

三、雷公藤甲素

英文名称：triptolide

化学名称：十氢-6-羟基-8b-甲基-6a-（1-甲基乙基）三环氧 [4b，5：6，7：8a，9] -菲并 [1，2-c] 呋喃（3H）-酮

分子式：$C_{20}H_{24}O_6$

（一）作用特点

0.02%雷公藤甲素母药（含93%雷公藤多苷）外观为棕黄色粉末；易溶于5%乙醇氯仿溶液，几乎不溶于水，熔点226~229℃；0.25%雷

公藤甲素饵粒剂外观为褐黄色颗粒；产品质量保证期常温下为 2 年。雷公藤是卫茅科雷公藤属木质藤本植物，雷公藤多苷为雷公藤提取物，目前已分离复杂成分 70 余种，药理活性有多种，在医用上对多种疾病有治疗作用。雷公藤多苷中起重要药理活性作用的微量二萜类的组分中，最具药理活性的物质是雷公藤甲素，抗生育作用显著，因此，有效成分为雷公藤甲素。雷公藤甲素是植物提取的雄性不育杀鼠剂。主要对鼠类睾丸的乳酸脱氢酶（LDH-C$_4$）的活性有抑制作用，导致附睾末部萎缩，减少精子，曲细精小管和睾丸体积明显萎缩，对睾丸生精细胞有选择性损伤作用。0.25 毫克/千克雷公藤甲素饵粒剂（饵粒）适口性和灭鼠效果良好。室内大白鼠试验取食量在 7 天内呈缓慢上升态势，摄食系数为 0.45，达到了毒饵适口性标准。

（二）使用方法

采用饱和投饵法进行田间药效试验，穴施或堆施。一般每亩投放饵粒 10 克 20 堆（视田间鼠密度而定），每次投放间隔 5~7 天。其具有良好适口性，不拒食；在药后 90 天防效在 25% 左右，能有效防治各种鼠害；在投药后的试验区内均未捕到怀孕的田鼠（空白对照区田鼠的怀孕率为 57.92%），该药剂对试验区的田鼠密度有有效降低作用；该药剂具有良好安全性，在试验期间对鸟类和两栖动物没有危害，非靶标动物没有不良反应。

（三）注意事项

（1）该药剂有毒，需严格管理。

（2）处理药剂后必须立即洗手及清洗暴露的皮肤。如不慎误食，应立即停食并及时携标签到医院遵医嘱对症治疗。

（3）应保管在小孩触摸不到的地方。

（4）投饵时应戴手套、口罩，避免孕妇及哺乳期妇女接触。

四、磷化铝

其他名称：磷毒

英文名称：aluminium phosphide

分子式：AlP

（一）作用特点

干燥条件下稳定，易吸水分解释放出剧毒的磷化氢气体，空气中含量为 0.14 毫克/升时会使人呼吸困难，常致死亡。因此要把磷化铝作为剧毒药剂对待。磷化氢气体通过呼吸系统进入昆虫体内使之致死。磷化氢气体浓度高时，昆虫会保护性昏迷降低呼吸率而影响药效，应以低浓度长时间熏蒸为原则。另外，磷化氢浓度较高会抑制作物种子的呼吸作用。实际上，磷化氢气体可以杀死昆虫、螨类、鼠类等多种有害生物。

（二）使用方法

制剂主要为 56% 片剂，药剂成片状装在严密的金属容器内，施药时按一定空间大小较均匀地投放片剂。用于原粮、种子，采用密闭熏蒸的方法防治多种贮粮害虫。

磷化铝制剂还有 56% 粉剂、56% 丸剂，与片剂使用方法基本一致。

（三）注意事项

应在害虫始发期投药，气温 10℃以上密闭 5 天以上才能保证药效。贮粮熏蒸后充分通风 7 天才能食用。不能熏蒸已加工的粮食和食品。熏蒸操作要在有经验的专业人员指导下才能进行，注意施药时的安全防护及熏蒸后的必要措施，以防中毒。磷化氢对钢材有腐蚀性，熏蒸前可将库内金属器材移出去或涂上机油防护或覆盖塑料薄膜密封。磷化铝也可用来熏蒸货物仓库或空仓、集装箱等密闭空间防治各种仓库害虫。还可用于粮仓或户外鼠洞灭鼠。

第三节 杀线虫剂

一、淡紫拟青霉

拉丁学名：*Paecilomyces lilacinus*

（一）作用特点

淡紫拟青霉是一种微生物农药，其孢子产生的菌丝能穿透线虫幼虫及雌性成虫体壁，将其体内的成分吸吮并繁殖，对线虫正常的生理代谢造成破坏，达到杀死线虫的目的。2亿孢子/克淡紫拟青霉粉剂能较好地防治番茄根结线虫。对豚鼠皮肤致敏试验结果属弱致敏物。不会刺激家兔眼睛、皮肤。根据农药对环境生物的毒性及风险性分级标准，该粉剂对蜜蜂和家蚕均为低风险性，对鱼和鸟均为低毒农药。原药和制剂为淡紫色疏松粉末状外观，正常情况下没有团块。制剂pH5.5~8.5，水分≤6%。扁平、淡紫色的特征菌落会在淡紫拟青霉接种在PDA平板（或斜面）上长出。用显微镜观察拟青霉属特征为：分生孢子（梗孢子）呈干燥的向基部的链，分生孢子梗和分枝比青霉菌分散，无色、腐生、单胞，卵圆形到纺锤形。对水分、高温较敏感，活孢子在50℃情况下将失去活性，难溶于水，对光稳定。产品质量保证期为1年。

（二）使用方法

穴施。剂量为制剂22.5~30千克/公顷（制剂每亩1.5~2千克），有较长持效期，可达30天左右，不会对作物造成危害。

（三）注意事项

（1）本品不可与含有铜离子、镁离子的农药混合使用。

（2）不宜与杀菌剂混用。

（3）施药后应及时洗手和洗脸。

（4）使用本品时应穿戴防护服和手套；施药期间不可吃东西和饮水。

（5）本品应贮存在干燥、阴凉、通风、防雨处，远离火源或热源。

（6）置于儿童触及不到之处，并加锁。

（7）用过的容器应妥善处理，不可做他用，也不可随意丢弃。

（8）勿与食品、饮料、饲料等其他商品同贮、同运。

（9）无中毒报道。皮肤接触或溅入眼睛，应用大量清水冲洗至少15分钟；如误服，携带标签或包装立刻就医并遵医嘱对症治疗；不慎吸入，应将病人移至空气流通处。

二、氰氨化钙

英文名称：calcium cyanamide

分子式：$CaCN_2$

（一）作用特点

氰氨化钙主要作为杀线虫剂。该药经水解后生成氢氧化钙和单氰胺，能防治番茄、黄瓜的根结线虫，也能有效防治土壤线虫等。纯品是闪辉六方体结晶。受湿气影响会水解成氢氧化钙和酸式盐$Ca(HCN)_2$，在土壤中其酸式盐转变为尿素。会在95%乙醇、水、丙酮中分解。该药由电石（碳化钙）、氮（氮气）在1100～1200℃的温度下生成。氰氨化钙含量≥50%，50%氰氨化钙颗粒剂外观为灰黑色颗粒，碳化钙含量≤0.3%，总氮含量≥19%，其他为氧化钙（石灰）及炭黑；粒度（1～6毫米）≥95%。根据农药对环境生物毒性及风险性分级标准，50%氰氨化钙颗粒剂对鸟和鱼均为低毒；对家蚕和蜜蜂均为低风险性农药。正常在田间使用，不会对环境生物造成危害。对兔皮肤、眼睛无刺激性。

（二）使用方法

使用方法为沟施。在番茄、黄瓜移栽定植前起垄、浇水，均在土内撒施，覆土，至少 15 天以后再起垄，移栽黄瓜苗（或直接播种黄瓜种子）、番茄。使用剂量为有效成分 360~480 千克/公顷。

（三）注意事项

（1）药后至移栽至少间隔 15 天以上。

（2）在高温和高剂量条件下，对番茄、黄瓜造成一定程度的烧苗现象。表现为叶片边缘发白，随后变焦枯，后期有所恢复。因此，必须严格掌握使用时期和使用剂量，并注意将水浇透，使之充分溶解。

（3）皮肤接触后，将污染的衣物脱去，用流动清水立即彻底冲洗。若有灼伤，到医院进行治疗。吸入后，远离现场，至空气新鲜处。注意保暖，必要时进行人工呼吸并就医。眼睛接触后，立即提起眼睑，用流动清水或生理盐水冲洗至少 15 分钟。食入后，立即漱口，饮大量温水，催吐，就医。

第四节　杀螨剂

一、螨威

英文名称：TDS

化学名称：（3β，16a）-28-氧代-D-吡喃（木）糖基-（1→

3) -O-β-D-吡喃（木）糖基（1-4）-O-6-脱氧-α-L-吡喃甘露糖基（1→2）-β-D-吡喃（木）糖-17-甲羟基-16，21，22-三羟基齐墩果-12-烯

分子式：$C_{50}H_{82}O_{24}$

（一）作用特点

螺威为植物源农药，是从油茶科植物的种子中提取的五环三萜类物质。螺威与红细胞壁上的胆甾醇结合比较容易，生成不溶于水的复合物沉淀，对血红细胞的正常渗透性造成破坏，使细胞增加内渗透压而发生崩解，引起溶血现象，从而将软体动物钉螺杀死。经田间药效试验，结果表明螺威4%粉剂对在滩涂上杀灭钉螺的防治效果较好。有效成分熔点为233~236℃；不溶于石油醚等大多数极性小的有机溶剂，可溶于水、甲醇、乙醇、乙腈等极性大的溶剂。贮存条件正常情况下稳定。螺威50%为黄色粉末状母药，正常情况下没有结块。pH5.0~9.5，常温下贮存质量保证期为2年。粉剂螺威外观4%为黄色粉末，不应有结块，无可见外来杂质。大于95%的细度（通过75微米试验筛），pH7.0~10.0，常温下有2年贮存质量保证期。该产品对鸟低风险；对虾中毒，对鱼高毒，对鱼、虾高风险。该产品只能用于滩涂，禁止在沟渠应用。

（二）使用方法

一般加细土稀释后撒施要均匀，用药量为有效成分0.2~0.3克/米²（折成4%粉剂商品量为5~7.5克/米²），当环境温度较低（<15℃）时，应使用登记推荐剂量的高限。

（三）注意事项

（1）加工本品时应注意安全防护。

（2）使用过程中应佩戴口罩、眼镜等防护用具。

（3）环境温度若较低（<15℃），应适当增加用量。

（4）使用时注意不要直接将药撒入水体。不可用于鱼塘，使用时注意对周边鱼塘虾池的影响，不得污染水源。

（5）螺威属天然提取物，在自然环境中易于降解为糖和皂元。

（6）本品属低毒药剂，如有药物中毒现象出现，不要再继续接触药物，被污染的衣物要及时脱去，皮肤要用肥皂水冲洗干净。如溅入眼睛，用生理盐水或清水立即冲洗15分钟以上。如误服，就医时要带着标签，可用抗碱性药物对胃反复灌冲，附加抗痉挛性药物并导泻灌肠。

二、杀螺胺

其他名称：百螺杀、螺氯消、贝螺杀

英文名称：niclosamide

化学名称：N-（2-氯-4-硝基苯基）-2-羟基-5-氯苯甲酰胺

分子式：$C_{13}H_8Cl_2N_2O_4$

（一）作用特点

为一种酚类有机杀软体动物剂，通过阻止水中害螺对氧的摄入，从而降低呼吸作用，最终致其死亡。该药剂可在流动水和不流动水中使用，具有胃毒、触杀作用，杀灭成螺和螺卵。工业品为无色固体，难溶于水，对热稳定，遇强酸和碱才能水解。

（二）使用方法

70%杀螺胺湿性粉剂，防治水稻福寿螺。直播稻和移栽稻第一次降水或灌溉后、田间福寿螺盛发期施药，每次每亩用70%杀螺胺湿性粉剂30~40克（有效成分21~28克）兑水喷雾，或与沙土拌匀后均匀撒施。施药时保持田间水深度3厘米，但不淹没稻苗。施药后2天不再灌水。含盐量高的水体会影响药效。安全间隔期为52天，每季最多使用2次，间隔10天左右施药1次。

（三）注意事项

（1）不应在干旱的环境下使用。

（2）对鱼类、蛙、贝类有毒，施药时避开水域，施药后禁止在河塘等水域中清洗施药器具，避免污染水源。

一、咪鲜胺

其他名称：施保克、使百克、品鲜、果鲜宝、扑霉灵、果鲜灵

英文名称：prochloraz

化学名称：N-丙基-N-［2-（2，4，6-三氯苯氧基）乙基］-1H-咪唑-1-甲酰胺

分子式：$C_{15}H_{16}Cl_3N_3O_2$

（一）作用特点

为咪唑类广谱杀菌剂，主要作用是抑制甾醇的生物合成，具有内吸作用，还有一定的传导功能，能较好地防治香蕉炭疽病及冠腐病、柑橘青绿霉病及蒂腐病、芒果炭疽病。大鼠急性口服致死中量为1600毫克/千克，对水生生物中毒，不会对天敌及有益生物有危害。属于低毒农药，芒果采收后处理主要用此药，对芒果贮藏期病

害有防治作用。用于种子处理，可抑制禾谷类作物种传和土传真菌病害的活性。

（二）使用方法

5%、45%乳油；45%水乳剂；制剂有50%可湿性粉剂；1.5%水乳种衣剂；20.5%悬浮剂。

（1）防治柑橘采收后青绿霉病、炭疽病、蒂腐病，用25%乳油500~1000倍液浸果。

（2）防治蘑菇褐腐病、白腐病，用50%可湿性粉剂按每平方米菇床土0.8~1.2克加水1升，拌匀覆盖于已接种的菇床土或喷淋菇床土表。

（3）水稻恶苗病，用25%乳油2000~4000倍液浸种，浸种时间长江流域一般1~2天，黄河流域3~5天，然后捞出用清水催芽后播种。

（4）防治芒果炭疽病，芒果采收前，花蕾期至收获期使用25%乳油500~1000倍液喷雾5次，当天采收的果品，使用25%乳油250~500倍液，浸果1分钟后捞起晾干。

（三）注意事项

（1）浸果或浸种前需按规定的药剂量和加水量搅拌均匀，以确保浸果后药液均匀分布。

（2）应贮于远离食物、饲料、肥料的干燥、通风良好的阴凉处。

（3）对水生生物中毒，不可污染鱼塘、河道。

（4）对眼睛和皮肤有刺激性。

（5）保鲜用药液，当天用当天处理完毕。

二、乙烯菌核利

其他名称：农利灵、烯菌酮

英文名称：vinclozolin

化学名称：3-（3，5-二氯苯基）-5-甲基-5-乙烯基-1，3-噁唑烷-2，4-二酮

分子式：$C_{12}H_9Cl_2NO_3$

（一）作用特点

为低毒接触性杀菌剂，预防效果优良，也有一定的治疗效果，茎叶施药可以输导到新生叶片，主要是对细胞核功能造成干扰，并能影响细胞膜和细胞壁，对膜的渗透性有改变，使细胞破裂死亡。主要用于对果树和蔬菜类作物的灰霉病、褐斑病、菌核病的防治。

（二）使用方法

制剂有 50% 水分散剂；50% 干悬剂。

（1）防治番茄早疫病、灰霉病，黄瓜灰霉病，用药于发病初期开始，用 50% 干悬剂 800～1000 倍液喷雾，隔 7～10 天 1 次，连用 3~5 次。

（2）防治油菜菌核病，在油菜盛花期用 800～1000 倍液喷雾，重病年份，需在油菜始花期、盛花期各喷 1 次。

（3）对蔬菜幼苗立枯病进行防治，于播种前每平方米苗床用50%干悬剂 10 克掺匀后播种。

（三）注意事项

（1）会刺激皮肤和眼睛，使用时注意安全防护，避免与药液的直接接触。

（2）在阴凉、通风、干燥处贮存，禁止儿童接触。

三、抑霉唑

其他名称：戴挫霉、万利得、仙亮、戴寇唑

英文名称：imazalil

化学名称：1－［2－（2，4－二氯苯基）－2－（2－烯丙氧基）乙基］－1H－咪唑

分子式：$C_{14}H_{14}Cl_2N_2O$

（一）作用特点

内吸性广谱杀菌剂，对细胞膜的渗透性、生理功能和脂类合成代谢造成影响，从而对真菌的细胞膜造成破坏，同时对真菌孢子的形成有抑制作用。

（二）使用方法

22.2%、50%、500 克/升乳油，0.1%涂抹剂。以 22.2%乳油为

例，使用方法见表8。

表8 抑霉唑的使用技术和使用方法

作物	防治对象	制剂用药量	使用方法
柑橘	青霉病、绿霉病	450~900 倍液	浸果

(三) 注意事项

对鱼类等水生生物有毒，禁止在河塘等水体中清洗施药器具。不能与碱性物质混用。在柑橘上使用后 14 天方可上市销售，每季最多使用 1 次。

四、碱式硫酸铜

其他名称：三碱基硫酸铜、高铜、绿得保、保果灵

英文名称：lopper sulphate hasic

化学名称：碱式硫酸铜

分子式：$Cu_4(OH)_6SO_4$

(一) 作用特点

无机杀菌剂，有效成分依靠在植物表面上水的酸化，将铜离子逐步释放，对真菌孢子萌发和菌丝发育起到抑制作用。

(二) 使用方法

27.12%悬浮剂，80%可湿性粉剂。以 27.12%悬浮剂为例，使用方法

见表9。

表9 碱式硫酸铜的使用技术和使用方法

作物	防治对象	制剂用药量	使用方法
番茄	早疫病	170~200 克/亩	
柑橘树	溃疡病	400~500 克/亩	喷雾
水稻	稻曲病	61~83 克/亩	

(三) 注意事项

禁止在苹果、梨花期及幼果期使用，并避免溅到桃、李等对铜制剂敏感作物上。避免药液对鱼塘等水源造成污染。眼睛和皮肤不要触及药液；禁止与乙膦铝类农药混用；禁止与强酸、强碱物质混用。

五、百菌清

其他名称：达科宁

英文名称：chloro thalonil

化学名称：2，4，5，6-四氯-1，3-苯二甲腈

分子式：$C_8Cl_4N_2$

(一) 作用特点

是一种非内吸性广谱保护型杀菌剂，能预防多种作物真菌病害。能与真菌细胞中的三磷酸甘油醛脱氢酶发生作用，与该酶体中含有半胱氨酸的蛋白质结合，从而对酶的活力造成破坏，破坏真菌细胞的代谢使生命力丧失。百菌清主要对真菌侵害植物有防治作用。在植物受

到病菌侵害，病菌进入植物体内后，具有很小杀菌作用。百菌清不具内吸传导作用，从喷药部位及植物的根系不会被吸收。百菌清能很好地黏着在植物表面，雨水不易将其冲刷，因此药效期较长，在常规用量下，一般有 7~10 天药效期。可防治蔬菜、果树等作物上炭疽病、黑斑病、霜霉病、白粉病、叶霉病、枯萎病、晚疫病等。纯品为白色无臭结晶，稍有刺激气味。原药纯度为 98%。在通常贮存条件下稳定，对紫外光的照射以及对碱和酸性水溶液都是稳定的。

（二）使用方法

10% 油剂，5%、75% 可湿性粉剂，2.5%、10%、20%、28%、30%、40%、45% 烟剂，40%、50% 悬浮剂。

（1）防治黄瓜霜霉病。在病害发生前，开始喷药，每次每亩用 75% 可湿性粉剂 100~150 克（有效成分 75~112.5 克），兑水 50~75 升喷雾，每隔 7~10 天喷药 1 次，共喷 2~3 次。

（2）防治番茄叶霉病、早疫病、晚疫病等。在病害发生前，开始喷药，每次每亩用 75% 可湿性粉剂 100~150 克（有效成分 75~112.5 克），兑水 60~75 升喷雾，每隔 7~10 天喷药 1 次，共喷 2~3 次。

（3）防治花生褐斑病、黑斑病。在发病前开始喷药，每次每亩用 75% 可湿性粉剂 110~133 克（有效成分 83~100 克），兑水 60~75 升喷雾，每隔 7~14 天喷药 1 次，共喷 2~3 次。

（4）防治草莓灰霉病、叶枯病、叶焦病及白粉病。在发病初期喷药 1 次，每次每亩用 75% 可湿性粉剂 100 克，兑水 50~75 升喷雾，每隔 7~10 天喷药 1 次，共喷 2~3 次。

（5）防治葡萄炭疽病、白粉病、果腐病。在叶片发病初期或开花后两周开始喷药，用75%可湿性粉剂600~750倍液，一般每隔7~10天喷1次，共喷2~3次。

（6）防治菜豆锈病、灰霉病及炭疽病等。在发病初期开始喷药，每亩用75%的可湿性粉剂113.3~206.7克，兑水50~71升喷雾，每隔7~10天喷药1次，共喷2~3次。

（7）防治芹菜叶斑病。芹菜移栽后，在病害开始发生时每次每亩用75%可湿性粉剂80~120克，兑水50~60升喷雾，以后每隔7天喷1次，共喷2~3次。

（8）防治玉米大斑病。发生初期，天气条件有利于病害发生时，每次每亩用75%可湿性粉剂110~140克，兑水60~75升喷雾，以后每隔5~7天喷药1次，共喷2~3次。

（9）防治桃穿孔病。在落花时用75%粉剂650倍液喷药，每隔14天喷1次，共喷2~3次。

（10）防治柑橘疮痂病、沙皮病。在花瓣脱落时，开始用75%可湿性粉剂900~1200倍液喷雾，以后每隔14天喷药1次，一般最多喷药3次。

（三）注意事项

（1）百菌清对鱼类有毒，施药时须远离池塘、湖泊和溪流。清洗药具的药液不要污染水源。

（2）本品应防潮防晒，贮存在阴凉干燥处。严禁与食物、种子、饲料混放，以防误服、误用。使用后的废弃容器要妥善安全处理。

（3）百菌清对人的皮肤和眼睛有刺激作用，少数人有过敏反应。一般可引起轻度接触性皮炎。

（4）10%油剂对桃、梨、柿、梅及苹果幼果可致药害。

（5）对家蚕、柞蚕、蜜蜂有毒害作用，用时要做好预防工作。

六、甲基硫菌灵

其他名称：甲基托布津

英文名称：thiophanate-methyl

化学名称：4，4′-（1，2-亚苯基）双（3-硫代脲基）甲酸甲酯

分子式：$C_{12}H_{14}N_4O_4S_2$

（一）作用特点

其化学结构与多菌灵等并不是同类，但将它施用在植物上，在体内外及土壤中均能转化为多菌灵，并起保护作用（体外）和治疗作用（体内），其效果与多菌灵相似，故将甲基硫菌灵列入苯并咪唑类中。甲基硫菌灵的应用范围很广，可对许多作物的多种病害有效。

（二）使用方法

现有制剂很多，有 50%、70%可湿性粉剂，36%悬浮剂。

（1）麦类种传病害 50%可湿性粉剂 400 克，拌 100 千克麦种，先用少量水调成浓液，喷拌在种子上，堆闷 6 小时，水分吸干后即可播种。若用 36%悬浮剂，需制剂 500 克。

（2）麦类赤霉病扬花初期及盛期各喷药液 1 次，50%制剂 1125~1500 克/（公顷·次），兑水喷雾。用 36%悬浮剂药量则为

1350~1800 克/（公顷·次）。

（3）棉苗病 50% 的制剂 0.8~1.0 千克，加水 10~20 升，拌 100 千克棉种，喷拌均匀，堆闷 6 小时。若用 36% 悬浮剂可防治黄、枯萎病，配成 130 倍药液，浸种 14 小时。

（4）黄麻茎斑病、枯腐病用 50% 制剂 800~1000 倍药液，初发病时即开始防治，共 2~3 次。

（5）黄麻枯萎及红麻斑点病用 700 倍液喷雾。

（6）苎麻白纹羽病在发病初期用 50% 制剂配成 2000 倍药液淋浇根围，每公顷用制剂 7.5 千克。

（7）甜菜褐斑病每公顷用 50% 制剂 1050~1500 克兑水喷雾。

（8）蔬菜多种病害用 50% 制剂 500 倍液防治，隔 7~10 天应喷第二次药。

（9）茄子黄萎病及番茄枯萎病用 50% 制剂 350 倍液灌根。

（10）果树病害（包括香蕉、番木瓜、菠萝等南方果树）可用 50% 制剂 700~1000 倍药液喷雾防治。

（11）柑橘贮藏期青绿霉病用 50% 制剂 500 倍药液浸果。

（12）油菜菌核病 50% 制剂 1500~1875 克/（公顷·次），在盛花及花末期各防治 1 次。

（13）花生茎腐及根腐病俗称倒秧，危害普遍，可用 50% 制剂 250 克，拌花生种子 100 千克。花生叶斑病，每公顷用 1125~1500 克制剂，兑水喷雾。需要提出的是此药对花生锈病无效，不能用它防治，应考虑采用与三唑酮的混剂。

（14）花卉许多病害可用 50% 制剂 400~600 倍液防治。

(三) 注意事项

苯并咪唑类杀菌剂之间对抗药的菌类是正交互抗性,因此同类杀菌剂不宜用来轮换、交替使用。多菌灵、甲基硫菌灵都是用途很广的品种,使用时更要注意防止病菌产生抗药。

七、苯醚菊酯

英文名称:phenothrin

化学名称:(E) 2- [2- (2, 5-二甲基苯氧基甲苯) -苯基] -3-甲氧基丙烯酸甲酯

分子式:$C_{23}H_{26}O_3$

(一) 作用特点

苯醚菊酯为甲氧基丙烯酸甲酯类内吸、广谱杀菌剂,具有较高杀菌活性,兼具保护和治疗作用,对白粉病、霜霉病、炭疽病等病害有防治作用。经田间药效试验和室内(盆栽)活性试验,结果表明能很有效地防治黄瓜白粉病。纯品外观为白色粉末。熔点 108~110℃;蒸气压(25℃)为 $1.5×10^{-6}$ 帕;溶解度(克/升,20℃):水中为 $3.60×10^{-3}$,乙醇中为 11.04,二甲苯中为 24.57,甲醇中为 15.56,丙酮中为 143.61;分配系数(正辛醇/水)为 $3.382×10^4$(25℃);对光稳定;容易在酸性介质中分解。苯醚菌酯原药质量分数≥98%,外观为类白色或白色粉末状固体;苯醚菌酯 10%悬浮剂

外观为可流动、易测量体积的稳定悬浮状液体；可能有沉淀出现在存放过程中，但用手摇动后，不应有结块，应恢复原状。pH6～8；悬浮率≥85%；湿筛试验（通过75微米试验筛）≥98%；持久起泡性（1分钟后）≤25毫升；倾倒性：倾倒后残余物≤6%，洗涤后残余物≤0.5%。产品常温贮存质量保证期为2年。

（二）使用方法

于白粉病发病初期开始喷雾，用药浓度为10～20毫克/千克（10%悬浮剂制剂稀释5 000～10 000倍液），间隔7天左右，一般施药2～3次。根据病情确定喷药次数和间隔天数。推荐剂量范围内对黄瓜安全，未见药害产生。

（三）注意事项

本品会危害人及禽畜，误服、吸入肺部可能致命，操作时应将呼吸器戴上，同时将护目镜或者面罩戴上；要穿长袖衣服并戴上橡胶手套施用农药；使用完后，必须用肥皂和水彻底清洗皮肤后方可进食、饮水。应立即脱下受本品污染的衣服，彻底清洗后方可再穿；平常衣物和工作服分开清洗。在高温或有明火的地方禁止使用或存放本品。对蜜蜂、鸟、家蚕均为低毒，对鱼高毒。禁止在水产养殖区使用，不要将剩余药液倾倒在河塘等水域，也不要在此清洗施药器械，以免对水源造成污染。包装纸禁止扔进湖泊、河流和水塘；不可以将清洗设备的废水倒入水源处，以免污染水源。孕妇及哺乳期妇女禁止接触。泄漏时，隔离泄漏区，避免扬尘，收集回收或运至特殊废物处理场处置。不慎接触皮肤或溅入眼睛，应用大量清水冲洗至少 15 分钟，并携带标签将病人送医院诊治；不慎吸入，将病人移至空气流通处。若误服立刻喝下大量蛋白、牛奶或清水，催吐，将病人送医院诊治并携带标签。此药无解毒剂，医生可对症治疗。

八、硫黄

英文名称：sulfur

化学名称：硫

化学式：S

（一）作用特点

硫黄，是自然元素类矿物硫族自然硫，是一种无机硫杀菌剂，作用于氧化还原体系细胞色素 b 和细胞色素 c 之间的电子传递过程，干扰正常的氧化还原反应，可防枸杞绣螨和小麦、瓜类的白粉病。原药为黄色固体粉末，密度 2.04 克/升，沸点 444.6℃，熔点 115℃，闪点 206℃，蒸气压 5.27 毫帕（30.4℃）。不溶于水，微溶于乙醇和乙醚，有吸湿性。易燃，自燃温度为 248~266℃，与氧化剂混合能发生爆炸。

（二）使用方法

（1）10%硫黄油膏剂主要用于防治苹果树腐烂病，先将病部刮净，用原液涂抹病疤部，用量 100~150 克原液涂 1 平方米。

（2）18%硫黄烟剂防治松树早期落叶病。每公顷用 9~16.5 千克烟剂放烟。

（3）91%硫黄粉剂商品名"果腐宁"，即将硫黄加工成很细的粉，直接喷粉防病，用于橡胶树白粉病。每公顷每次喷原粉 11.25～15 千克。

（4）硫黄悬浮剂生产厂多，是用硫黄为原料加工研磨，颗粒直径在 5 微米以下，加助剂制成的低毒杀菌杀螨剂。由于其颗粒细，单位面积上的使用量明显减少。黏着力强，耐雨水冲刷，持效期可达 10 多天。适用于多种作物的白粉病及螨类。有 45% 及 50% 两种悬浮剂，两种制剂的防治对象、用药量都相同。因为是保护剂，故应在病害初发时，提早喷药保护，隔 7 天喷第二次。硫黄悬浮剂也适用于飞机喷药以及地面超低容量喷药。

（三）注意事项

（1）硫黄制剂的防效与气温关系密切，低于 4℃ 时防效不好，32℃ 以上易发生药害。在适宜温度范围内，气温高时防效好。使用的稀释倍数随季节调整，如用 50% 悬浮剂，早春气温低时可兑水配成 200～300 倍；入夏高温兑水配成 400～500 倍液喷雾，以增加安全性。

（2）此药不能与矿油乳剂混用，也不能在喷洒矿油乳剂的前、后立即施用硫黄悬浮剂。

九、三乙膦酸铝

其他名称：疫霉灵、疫霜灵、乙膦铝、藻菌磷

英文名称：fosetyl-aluminium

化学名称：三（乙基磷酸）铝

分子式：$(C_2H_{50}HPO_3)_3Al$

（一）作用特点

此杀菌剂属中等毒品种，是内吸性杀菌剂，在植物体内能双向传导，即可向上、下两方向传导，能向下被根吸收，也能向上输导到茎、叶部。兼有保护和治疗作用，杀菌谱较广，特别对卵菌类有高效，包括霜霉病和疫霉病菌。主要用于叶面喷雾。也可用来浸植物根，或土壤浇灌。

（二）使用方法

三乙膦酸铝有 3 种剂型，40%、80% 可湿性粉剂及 90% 可溶性粉剂。

（1）防治黄瓜霜霉病、疫霉病，番茄早疫病、晚疫病等用 80% 可湿性粉剂 400~500 倍药液喷雾，间隔 7~10 天喷第二次。

（2）防治葡萄霜霉病，用 80% 可湿性粉剂 400~500 倍液，防治荔枝霜霉病用 600~800 倍液，防治忽布（啤酒花）霜霉病用 600 倍液。

（3）防治烟草黑胫病在烟苗定植培土后，用 80% 可湿性粉剂每公顷 7.5 千克，兑水 750 升，浇灌或喷洒根茎部，隔 10~15 天再进行 1 次防治。

（4）防治棉铃疫病，可喷 80% 可湿性粉剂 400~800 倍药液，橡胶条溃疡病喷洒 200 倍液，或 100 倍液在割口处涂抹。

（5）防治胡椒瘟病，每株用含有效成分 1 克的制剂兑水灌根。

（三）注意事项

注意不能与碱性药物混用。此剂若连续使用易致使病菌对药产生抗性，若发现喷施后药效明显下降，不要盲目增加药量，应有计划地使用其他类型的杀菌剂轮换，或在未出现抗性前即不用单剂，换用与其他保护剂混配的制剂，以防止抗性发生。现已知一些地方黄瓜霜霉菌对它已有抗性。

第六节　除草剂

一、异噁草松

其他名称：广灭灵

英文名称：clomazone

化学名称：2-（2-氯苄基）-4，4-二甲基异噁唑-3-酮

分子式：$C_{12}H_{14}ClNO_2$

（一）作用特点

是选择性芽前除草剂，通过根、幼芽吸收，通过蒸腾作用传导到植物的各个部位，会抑制敏感植物叶绿素的生物合成，虽然能萌芽出土，但没有色素，白化，在短期内死亡。特异代谢作用可在大豆及耐药性植物上显现，使其变为无杀草作用的代谢物而具选择性。属低毒性除草剂，会刺激眼睛，对皮肤有轻微刺激性。对鱼毒性较低，对鸟类低毒。主要防除禾本科杂草和阔叶杂草，除大豆田，还可以用于棉花、玉米、油菜、木薯、甘蔗和烟草田等的除草。

（二）使用方法

制剂有48%乳油。

（1）甘蔗地除草。甘蔗放植后出芽前，每亩用48%乳油66.7~100升，加水30升喷于土表，对稗草、狗尾草、牛筋草、藿香蓟、辣子草、马齿苋、反枝苋等有较好防效，对甘蔗安全。

（2）大豆田除草。于大豆播种前或播后芽前，一般每亩用137~167毫升，有机质含量大于3%的黏壤土用高量，有机质含量低于3%的沙质土用低量。土壤湿度大有利于对药剂的吸收，干旱条件下需浅混土。背负式喷雾器喷液，每亩用水20~30升，拖拉机喷雾机每亩用水13.3升以上。

（3）稻田除草。插秧田于插秧3~5天，稗草1.5叶期，用48%乳油每亩25~30毫升，药土法撒施防除稗草、雨久花等杂草，但多年生杂草效果差，可用48%乳油每亩20~25毫升与10%草克星可湿性粉剂每亩10克或10%农得时可湿性粉剂每亩15克混用，药土法撒施，保水 3~5 厘米，3~5 天以后正常管理。杀草谱广，对水稻安全。

（三）注意事项

（1）喷雾飘移可能导致邻近某些敏感作物如蔬菜、小麦，以及柳树等药害，选无风晴天处理，与敏感作物应有 300 米以上隔离带。

（2）本剂在土壤中残效长，每公顷商品量超过 1.66 升（800 克有效成分）。在大豆田使用，对后茬玉米、高粱、谷子出苗无不良影响，但对小麦有严重药害，出苗率降低 20% 左右，出苗的白化率 30%~40%。减量混用后由于重喷也会有小麦药害，因此避免在后茬小麦田用药。

（3）根据土壤有机质含量严格掌握用药剂量，勿施药过量或重喷，以免对下茬作物造成影响。

二、苯磺隆

其他名称：阔叶净、巨星、麦磺隆

英文名称：tribenuron-methyl

化学名称：2-［4-甲氧基-6-甲基-1，3，5-三嗪-2-基（甲基）氨基甲酰基氨基磺酰基］苯甲酸甲酯

分子式：$C_{15}H_{17}N_5O_6S$

（一）作用特点

是磺酰脲类选择性内吸传导型芽后除草剂。通过乙酰乳酸合成酶的抑制，抑制缬氨酸、异亮氨酸的生物合成，阻止细胞分裂，致

杂草死亡。杂草茎叶、根可吸收，并在体内传导。禾谷类作物对该药有很好的耐药性，对禾本科作物田阔叶杂草防除适用。在土壤中30~45天的持效期，不会影响下茬作物。纯品为浅棕色结晶固体，蒸气压 $5.2×10^{-5}$ 毫帕（25℃）。熔点141℃。相对密度1.5（25℃）。溶解度（20℃，毫克/升）：水 28（pH4.0）、50（pH5.0）、280（pH6.0）；乙腈54.2；甲醇3.39；乙酸乙酯17.5；丙酮43.8。亚氨基呈酸性，pH5.0，45℃温度条件下稳定。在45℃水解时，pH8.0~10.0时稳定，但在pH小于7或大于2时迅速分解；在田间条件下没有明显的光分解。在土壤中半衰期1~7天。

（二）使用方法

75%水分散粒剂，10%、20%、75%可湿性粉剂，75%干悬浮剂等。小麦、大麦等禾谷类作物在2叶至拔节期均可施用；每亩用10%可湿性粉剂12~15克，加水30升，茎叶均匀喷雾处理；以3~4叶期时，杂草出土不超过10厘米高时喷药最佳。

（三）注意事项

（1）本品活性高，用量少，应称量准确。施药时要防止药液飘到敏感的阔叶作物上，以免产生药害。

（2）75%可湿性粉剂，对小麦阔叶杂草，最多使用1次。75%干悬浮剂，对小麦阔叶杂草，最多使用1次。

（3）气温20℃以上时兑水量不能少于25升，随配随用，气温高于28℃应停止施药。

（4）该药在小麦（籽粒）上最高残留限量（MRL）为0.05毫

克/千克。

三、苯噻酰草胺

其他名称：环草胺

英文名称：mefenacet

化学名称：N-甲基-N-苯基-2-（1,3-苯并噻唑-2-基氧）乙酰胺苯胺

分子式：$C_{16}H_{14}N_2O_2S$

（一）作用特点

属乙酰苯胺类除草剂，为细胞生长和分裂抑制剂。吸收主要通过芽鞘和根进行，传导到幼芽和嫩叶，对生长点细胞分裂进行抑制，引起杂草死亡。对水稻移栽田防除禾本科杂草适用，能很好地防治从萌发前到1.5叶期稗草。对一年生杂草牛毛毡、瓜皮草、眼子菜、泽泻等均有较好的防效。该药在土壤中有较强吸附力，渗透少，有一个多月的持效期。纯品为无色无臭固体，熔点134.8℃。蒸气压11毫帕（100℃）。溶解性（200℃，克/升）：丙酮60~100，己烷0.1~1.0，二氯甲烷大于200，异丙醇5~10，甲苯20~50，二甲基亚砜110~220，乙酸乙酯20~50，乙腈30~60；水4毫克/升。对酸、碱、热、光稳定。

（二）使用方法

50%可湿性粉剂等。水稻移栽或抛秧5~7天后（稻苗返青后），

北方稻区每亩用50%可湿性粉剂60~80克，南方稻区每亩用50%可湿性粉剂50~60克，采用拌肥或拌土的方法，均匀撒施，药后5~7天保持浅水层。

（三）注意事项

（1）施药后保持田水3~5厘米5~7天，以不淹没心叶为准。同时开好平水缺，避免暴雨后淹没稻苗心叶，产生药害。

（2）50%可湿性粉剂，对水稻（移栽田和抛秧田）一年生杂草，最多使用1次。

（3）田间有其他阔叶杂草和莎草时，应与苄嘧磺隆等杀阔叶杂草除草剂混用，以扩大杀草谱。

四、禾草丹

其他名称：杀草丹、灭草丹
英文名称：thiobencarb
化学名称：N，N-二乙基硫代氨基甲酸-S-4-氯苄酯
分子式：$C_{12}H_{16}ClNOS$

（一）作用特点

为氨基甲酸酯类选择性内吸传导型土壤处理除草剂，通过杂草的根部和幼芽吸收，尤其是幼芽吸收后转移到植物体其他部位，能很好地抑制生长点。对淀粉酶和蛋白质合成有阻碍作用，能强烈抑

制植物细胞的有丝分裂，从而导致萌发的杂草种子和萌发初期的杂草枯死。

（二）使用方法

50%、90%乳油。以90%乳油为例，使用方法见表10。

表10　禾草丹的使用技术和使用方法

使用范围	防治对象	制剂用药量	使用方法
水稻田	一年生杂草	250~400毫升/亩	毒土或喷雾

（三）注意事项

稻草还田的移栽稻田，不宜使用禾草丹；晚稻秧田播前使用。对三叶期稗草效果差，应掌握在稗草二叶一心前使用；每季作物最多使用1次。不能与2，4-滴混用，否则会降低除草效果；施药后应注意保持插秧田、直播田及秧田水层，不宜在水稻出苗至立针期使用，否则会产生药害。

五、西草净

英文名称：simetryn
化学名称：2-甲硫基-4，6双（乙氨基）-1，3，5-三嗪
分子式：$C_8H_{15}N_5S$

（一）作用特点

为选择性内吸传导型除草剂，可从根部吸收，也可从茎叶进入体内，运输至绿色叶片内，对光合作用有抑制作用，对糖类的合成

和淀粉的积累产生影响而起除草作用。

（二）使用方法

以25%可湿性粉剂为例，使用方法见表11。

表11　西草净的使用技术和使用方法

使用范围	防治对象	制剂用药量	使用方法
移栽水稻田	一年生杂草	150~200 克／亩	毒土

（三）注意事项

要求是平整的土地，土壤质地、酸碱度对安全性有较大影响，禁止在低洼排水不良地、有机质含量少的沙质土及重碱或强酸性土使用，易有药害发生。应在30℃以下温度施用本品，超过30℃易产生药害。每个作物周期最多使用1次。

六、草甘膦

其他名称：镇草宁、农达、农得乐、甘氯膦、膦酸甘氨酸、草全净、万锄

英文名称：glyphosate

化学名称：N-（膦酸甲基）甘氨酸

分子式：$C_3H_8NO_5P$

（一）作用特点

草甘膦属有机磷类内吸传导型灭生性除草剂。该药以内吸性强而著称，不仅能通过茎叶传导到地下部分，而且在同一植株的不同

分蘖间也能进行传导，对多年生深根杂草的地下组织破坏力很强，能达到一般农业机械无法达到的深度；该药被植物吸收，在体内输导到地下根、茎，导致植株死亡，并失去再生能力。该药作用缓慢，一二年生杂草，药后 15~20 天枯死；多年生杂草，药后 20~25 天地上部分枯死，地下部分逐渐腐烂。对人、畜低毒；对鱼类和水生生物毒性较低；对蜜蜂和鸟类无毒害，对天敌等有益生物较安全。草甘膦进入土壤后很快与铁、铝等金属离子结合而失去活性，对土壤中的种子和微生物无不良影响。

主要防除果园内一二年生禾本科、莎草科杂草及阔叶杂草，对多年生杂草白茅、狗牙根、香附子等也有较好的防除效果。

(二) 使用方法

(1) 防除果园内一年生杂草，如稗、牛筋草、马唐、藜、繁缕、猪殃殃等，在杂草生长旺季，每亩用 10%草甘膦铵盐水剂 650~1000 毫升，兑水 30~50 升，进行定向均匀喷雾。

(2) 防除果园内多年生恶性杂草，如白茅、芦苇、香附子等，要加大药量，在杂草生长旺季，30~45 厘米高时施药，每亩用 10% 草甘膦铵盐水剂 1500~2500 毫升，兑水 30~50 升，对杂草茎叶定向均匀喷雾，使其能附着足够的药量。

(3) 喷药时勿将药液喷在树冠上，以免叶片遭受药害。

(4) 应在晴天喷药，药后 4 小时内遇大雨会降低药效，应补喷。

(5) 药液中加入 0.1%~0.2%中性洗衣粉或尿素 150 克可提高药效；应用清水配药，浑浊水会降低药效。

(6) 由于草甘膦持效期较短，可与持效期较长的西玛津混用，以提高药效。

（7）草甘膦只有被杂草绿色或幼嫩部位吸收后才能发挥作用，因此喷药要均匀周到。

（三）注意事项

（1）该药对金属有腐蚀性，使用和贮存时要用塑料容器。

（2）草甘膦低温贮存时有结晶析出，用前要充分摇动，使晶体溶解，才能保证药效。

（3）两年生以下幼园及苗圃不宜使用草甘膦。

（4）草甘膦是叶面处理剂，用于土壤处理无效。

七、苯嗪草酮

其他名称：苯嗪草、苯甲嗪

英文名称：metamitron

化学名称：4-氨基-4，5-二氢3-甲基-6-苯基-1，2，4-三嗪-5-酮

分子式：$C_{10}H_{10}DN_4$

（一）作用特点

苯嗪草酮属三嗪酮类选择性芽前除草剂。主要通过植物根部吸收，再输送到叶子内，通过对光合作用进行抑制而起到杀草的作用。主要用于防除甜菜田一年生杂草。田间药效试验结果表明，苯嗪草酮70%水分散粒剂能很好地预防甜菜一年生阔叶杂草，可有效防除反枝苋、香薷、藜、蓼、苦荞麦等杂草。大于98%的原药质量分数；淡黄色至白色晶状固体外观；蒸气压（20℃）为86纳帕；熔点为

166℃；溶解度（20℃）：水中为1.7克/升，异丙醇中为5~10克/升，二氯甲烷中为20~50克/升，环己酮中为10~50克/升，甲苯中为2~5克/升，己烷中<100毫克/升；在酸性介质中稳定，pH>10.0时不稳定。pH6.5~8.5；润湿时间≤60秒；悬浮率≥80%；粒度（140~250微米）≥95%；苯嗪草酮70%水分散粒剂外观为能自由流动的颗粒，没有可见外来杂质和硬团块；常温下贮存产品质量保证期为2年。

（二）使用方法

土壤喷雾处理在播后苗前，用药量为有效成分4200~4998克/公顷（折成70%水分散粒剂商品量为每亩400~476克，一般加水40升稀释）。推荐剂量下不会对甜菜的安全造成影响，正常施药持效期可在60天以内，一般对后茬作物没有影响问题。但药量加倍使用时会出现一定程度的药害，对出苗有一定影响，与沙壤土类型有关。

（三）注意事项

（1）严格按照标签说明使用。每季作物最多使用1次。

（2）施药时应该严格控制施药剂量，喷雾均匀周到，避免重喷、漏喷或超过推荐剂量用药。

（3）在施药后降大雨等不良天气条件下可能会使作物产生轻微药害，作物在1~2周内可恢复正常生长。

（4）土壤处理时，整地要平整，避免有大土块及植物残渣。

（5）施药时穿长衣长裤，戴手套、眼镜、口罩等；不能吸烟、饮水等；施药后清洗干净手、脸等。

（6）清洗器具的废水不能排入河流、池塘等水源，废弃物要妥善处理，不能随意丢弃，也不能做他用。

（7）药剂量较大情况下，遇大雨或灌溉，容易发生淋溶药害，因此应严格控制施药剂量。

（8）施药后表土干旱、土壤湿度较低时，应酌情加大兑水量，以保证药剂的除草效果。

（9）本产品低毒，必须穿戴防护用品再加工、搬运、使用，避免皮肤、眼睛或衣物与药液接触，同时避免吸入雾液。一旦有中毒现象发生，必须及时就医，对症治疗。

（10）该产品对蜜蜂、家蚕、鱼、鸟均为低毒，低风险。施药器具禁止在河塘等水域内清洗。

第七节　植物生长调节剂

一、萘乙酸

其他名称：一滴灵

英文名称：α-naphthylacetic acid

化学名称：2-（1-萘基）乙酸

分子式：$C_{12}H_{10}O_2$

（一）作用特点

属低毒性植物生长调节剂，可经树枝的嫩表皮、叶片、种子进入植株体内，随营养流导到全株起作用的部位。改变雌雄花比率，增加坐果率，防止落果，诱导形成不定根，能促进细胞分裂与扩大，等等。对皮肤和黏膜有刺激作用，对水生生物、天敌安全。

（二）使用方法

2.5%微乳剂；1%水剂制剂；20%可溶性粉剂。

（1）小麦。用1%水剂500倍液浸秧10~12小时，风干后播种，拔节前用400倍液喷洒1次，扬花后用350倍液喷剑叶和穗部，可防止倒伏，增加结实率。

（2）甘薯。用1%水剂1000倍液浸秧苗下部6小时后栽插，可提高成活率。

（3）棉花。盛花期用1%水剂500~1000倍液喷植株2~3次，间隔10天，可防蕾铃脱落，增桃增重，提高棉花品质。

（4）水稻。用1%水剂1000倍液浸秧6小时，可增加分蘖，插秧后返青快，茎秆粗壮。

（5）茶、桑、侧柏等插条。用1%水剂500~1000倍液浸泡扦插枝条底端3~5厘米，可促进插条生根，提高成活率。

（6）果树。采前5~21天，用1%水剂500~2000倍液喷洒全株，能防止落果。

（7）番茄、瓜类。用 1% 水剂 500 ~ 2000 倍液喷花，可防止落花，提高坐果率。

（三）注意事项

（1）难溶于水，配制时应先用少量酒精溶解，再加水稀释。

（2）严格控制用药量和浓度，防止药害发生。

（3）能引起食物中毒，伤害肝、肾。

（4）田间应用应选择在晴朗、气温高、无风天进行。

（5）禁用于早熟苹果品种。

（6）在番茄和瓜蔓上喷洒，避免重复和喷在嫩头或叶片上。

二、赤霉酸

其他名称：奇宝、九二零

英文名称：gibberellic acid

化学名称：2β，4α，7-三羟基-1-甲基-8-亚甲基-4αa，β-赤霉-3-烯-1α，10β-二羧酸-1，4a-内酯

分子式：$C_{19}H_{22}O_6$

（一）作用特点

是一类广谱性双萜类化合物的植物生长调节剂，对细胞伸长有促进作用，对植物的生长和发育有加速作用，可改善产品的品质和提高产品的产量，对植株的提早成熟有促进作用；还可将某些蔬菜

种子（如土豆、豌豆等）的休眠打破，并促进发芽；还可促使一些叶子菜（如菠菜、苋菜等）叶片的扩大；还可改变瓜类蔬菜雄花和雌花的比例，防止花朵脱落，提高结果率，形成无籽果实。属低毒性植物生长调节剂。

（二）使用方法

40%水溶性粒剂；40%片剂；85%结晶粉；制剂有4%乳油。

（1）提高黄瓜、茄子、番茄坐果率。于开花期用4%乳油800倍液喷花。

（2）促进土豆、豌豆、扁豆发芽。用4%乳油800倍液，浸种24小时，捞出后播种。

（3）使芹菜、菠菜、散叶生菜叶片肥大。收获前20天，用4%乳油4000倍液叶面喷雾，隔5天再喷1次（这是目前种植户所掌握的一种最常见的用法）。

（4）促使黄瓜、西瓜多开雌花。在黄瓜的一叶期，用4%乳油500倍液叶面喷雾，在西瓜的二三叶期，用4%乳油8000倍液叶面喷雾。

（5）在西瓜采收前用4%乳油2000～4000倍液喷瓜，还可有效延长西瓜贮存期。

（三）注意事项

（1）赤霉素纯品较难溶于水，可先用酒精或高浓度的烧酒溶解，再加水到需要的浓度，切忌用大于50℃的热水去兑溶液，配好溶液后要立即使用，长时间贮藏容易失效。

（2）使用浓度要准确，过高浓度容易使植株徒长失绿，甚至枯死，而且还容易使产品出现畸形。

（3）遇碱易分解，在干燥状态下不易分解。

（4）应贮于阴凉干燥处，避免高温。

（5）经本剂处理的棉花等作物，不孕籽增加，故留种田不宜施药。

三、三十烷醇

其他名称：大力丰、增产宝、诺塞尔

英文名称：triacontanol

化学名称：正三十烷醇

分子式：$C_{30}H_{62}O$

（一）作用特点

属低毒性植物生长调节剂。在多种植物和昆虫的蜡质中以酯的形式存在。未发现对人、畜和有益生物有毒害作用。对生根、发芽、开花、茎叶生长和早熟有促进作用，具有增强光合作用、提高叶绿素含量等多种生理功能。使用在作物生长前期，对发芽率有提高作用、对秧苗素质有改善作用，增加有效分蘖。在生长中、后期使用，可增加花蕾数、坐果率及千粒重。适用于海带、水稻、玉米、甘蔗、花生、蔬菜、果树、烟草、甜菜、高粱、棉花、大豆、花卉等多种作物。

（二）使用方法

0.1%微乳剂；1.4%可溶性粉剂；制剂有 0.1%、0.05%悬浮剂。

（1）水稻。用 0.1%微乳剂兑水稀释 100～200 倍液，浸种 2 天后催芽播种，可提高发芽率，增加产量。

（2）果树、茄果类蔬菜、棉花。用 0.1%微乳剂兑水稀释 200 倍液，在初花期和盛花期各喷 1 次，可增加花蕾数，提高结实率，减少落花率和空粒数，增加千粒重，增产效果明显。

（3）叶菜类、薯类等。用 0.1%微乳剂兑水稀释 100～200 倍液喷洒茎叶，可增加产量。

（4）大豆、玉米、小麦。用 0.1%微乳剂兑水稀释 100 倍液，浸种 0.5～1 天后播种，可提高发芽率，增加发芽势，增加产量。

（5）插条苗木。用 0.1%微乳剂兑水稀释 20～25 倍液，浸泡底部，促进生根。

（三）注意事项

（1）不得随意提高使用浓度，以免抑制作物发芽。

（2）现配现用，不得与酸性物质混合，以免分解失效。

（3）喷后 4～6 小时遇雨须补喷 1 次。

四、多效唑

英文名称：paclobutrazol

化学名称：（2RS，3RS）-1-（4-氯苯基）-4，4-二甲基-2-（1H-1，2，4，-三唑-1-基）戊-3-醇

分子式：$C_{15}H_{20}ClN_3O$

（一）作用特点

三唑类植物生长调节剂，在 20 世纪 80 年代研制成功，是内源赤霉素合成的抑制剂。对水稻吲哚乙酸氧化酶的活性有提高作用，降低稻苗内源吲哚乙酸的水平，稻苗顶端生长优势有明显减弱作用，促进侧芽分蘖。秧苗外观表现叶色浓绿，矮壮多蘖，根系发达。

（二）使用方法

5%、250 克/升悬浮剂，15%可湿性粉剂。以 15%可湿性粉剂为例，使用方法见表 12。

表 12　多效唑的使用技术和使用方法

作物	功效与作用	制剂用药量	使用方法
水稻育秧田	控制生长	500~750 倍液	喷雾
油菜（苗床）		750~1500 倍液	

（三）注意事项

安全间隔期为 20 天。施药田块收获后必须经过翻耕，以防止对后茬作物有抑制作用；切忌药后大水漫灌和过量施用氮肥，播种量过高，也会降低效果；配制成的制剂在土壤中残留时间较长。本品不宜与除草剂混用。

五、矮壮素

英文名称：chlormequat

化学名称：2-氯乙基三甲基氯化铵

分子式：$C_5H_{13}Cl_2N$

（一）作用特点

是赤霉酸的拮抗剂，可由叶片幼枝、芽、根系和种子进入植株体内，对植株体的赤霉素的生物合成有抑制作用，主要的作用是阻抑贝壳杉烯的生成，致使内源赤霉酸生物合成受阻。它的生理功能是控制植株的徒长，促进生殖生长，使植株节间缩短，长得矮、壮、粗，根系发达，叶色变深，叶片增厚，茎粗壮，对某些作物的坐果率有所提高，提高产量，改善品质。工业原药为吸水性的浅黄色晶体，有鱼腥味，在210℃开始分解。纯品为白色结晶，于245℃分解。蒸气压0.010毫帕（20℃）。溶解度（20℃）：不溶于苯、环己烷、二乙醚、乙酸乙酯，水大于1克/千克，乙醇320克/千克，丙酮、氯仿0.3克/千克。水溶液性质稳定，50℃贮存2年无变化。原药纯度为97%～98%。

（二）使用方法

80%可溶性粉剂，5%、10%、50%水剂等。

（1）防止麦子倒伏。对生长旺盛有倒伏危险的小麦，在拔节初期喷0.2%～0.4%矮壮素（50%水剂稀释125～250倍），每亩喷药液

50 千克，能增加麦秆茎壁机械组织和细胞壁厚度，抑制茎秆伸长，矮化植株，改善通风透光条件，提高抗倒能力。

（2）番茄壮苗。保护地育苗的番茄，在苗床容易徒长，形成高脚苗。于 3~4 叶后至定植前 1 周，土壤浇灌（250~500）×10^{-6} 浓度矮壮素，5~7 天后便表现出植株矮健粗壮，节间变短，叶色浓绿，根系发达等生长状态。

（3）防止棉花疯长。对生长旺盛或有疯长趋势的棉花，在盛蕾至初花期喷 20×10^{-6} 左右浓度矮壮素（原药液 1 毫升加水 25 千克），每亩喷药液 50 千克，能抑制棉花营养体生长，使主干和果枝变短，株型紧凑，蕾铃脱落减少，是控制棉花旺长的有效措施。

（三）注意事项

（1）瘦田及作物长势不旺的田块不宜使用。

（2）用过矮壮素的作物，叶色深绿，但这并不意味着对应该施肥的可以少施或不施，而仍然要按一般施肥量甚至还要适量增加施肥量来施肥，这样才能更好地发挥矮壮素的效果。

（3）不能与碱性物质混用。

（4）矮壮素对不同作物所产生的敏感性相差很大，因此，在使用时要严格掌握各种作物所需要的适宜浓度和使用时间。

六、吡啶醇

其他名称：丰啶醇

英文名称：pyripropanol

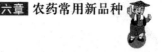

化学名称：3-（2-吡啶基）丙醇

分子式：$C_8H_{11}NO$

（一）作用特点

是一种新型植物生长抑制剂。它比较特殊的结构，与五大类植物内源激素不同。对植物的营养生长有抑制作用，对生殖生长有促进作用，加强脂肪及蛋白质的转化等。在作物营养生长期，对根系生长、叶片增厚、叶色变绿、茎粗壮有增强作用，增强光合作用；在作物生殖期使用，可促进生殖生长，控制营养生长，提高结实率和增加千粒重。可提高固氮能力，降低大豆结荚部位，增加豆科植物的根瘤数，增加结荚数和饱果数，促进早熟丰产。该药对粮、棉及多种经济作物有良好的增产作用。吡啶醇还有一定的防病作用和抗倒伏能力。

原药为浅黄色至棕色油状液体。纯品为无色透明油状液体，嗅味很大，沸点 260℃/1.00×10^{-5} 帕；106℃/1.33×10^{-1} 帕。蒸气压 66.66 帕/90～95℃。相对密度 1.070。微溶于水（3.0 克/升，16℃），易溶于丙醇、乙醇、氯仿、乙醚、苯、甲苯等有机溶剂，不溶于石油醚。

（二）使用方法

8%、80%、90%乳油。

（1）花生。花生播种前浸种，用 90%乳油 2～4 毫升兑水 18 升（4500～9000 倍液），用药液浸种 2～3 小时，晾干后播种。

（2）大豆。大豆播前浸种，用90%乳油4毫升兑水18升（200毫克/升浓度的药液），用药液浸种25小时，晾干后播种。

（三）注意事项

（1）不同作物品种对药剂的敏感性有差异，应在试验的基础上再推广使用。

（2）施药田块要加强水肥管理，防止缺水和缺肥而影响植物的正常生长。

（3）使用时应根据作物种类及生长时期确定浓度，配药要准确，浓度不宜过高，以免抑制过度。

七、对氯苯氧乙酸钠

其他名称：防落素、保果灵、番茄灵、促生灵

英文名称：4-chlorophenoxyacetic acid

化学名称：4-氯苯氧乙酸

分子式：$C_8H_7ClO_3$

（一）作用特点

该药是目前国内应用极广的内吸、广谱、高效、多功能植物生长调节剂。它能有效抑制作物体内脱落酸的形成，以至果柄间不易产生分离层，从而有效地减少落果，提高产量。防落素属低毒性农药，对人、畜、鱼类低毒，无致突变、致诱变和致畸作用，无积累

作用。

能有效防止花果脱落，加速幼果发育，形成无籽果实；能促进种子发芽、提早分蘖，增加叶绿素含量，加快作物生长，促进种子、果实肥大，增加重量和保花、稳果，防止脱落，提早成熟，改善品质。在柑橘、葡萄、苹果等果树上应用后，增产效果显著。

（二）使用方法

（1）柑橘树。谢花期和第一、第二次生理落果初期各喷 1 次，可提高坐果率，早熟，增产；于采前喷 1% 防落素水剂 250~400 倍液 1~2 次，可防止采前落果，减轻风害、盐害和落叶。

（2）荔枝。在盛花期和生理落果初期各喷 1% 防落素水剂 400 倍液、300 倍液 1 次，可提高坐果率，增加产量。

（3）苹果树。用 1% 防落素水剂 100 毫升兑水 25~30 升，在落花期、生长期落果和收获前 1 个月各喷 1 次，可提高坐果率，增加色泽，改善品质。

（4）葡萄。在葡萄开花前 5 天和开花后 10 天，用防落素 15 毫升/千克与赤霉素 40 毫升/千克的混合液喷花，可诱导成无籽果实，增加产量；葡萄盛花期开始，每 15 天喷 1 次防落素 10~30 毫升/千克，连续 3 次，可明显抑制副梢生长，提高叶片叶绿素含量，有利于新梢增粗，增强树势，提高坐果率和单果重与果实含糖量、着色指数。

（5）枣树。金丝小枣采收前 4 周，喷防落素液 10~20 毫升/千克，可显著减少金丝小枣采前落果。

（6）防落素应严格按照规定浓度使用，在规定施用浓度内，对作物安全，否则易产生药害，常见症状为叶片扭曲生长。

（7）用粉剂配药时，先用少量热水把药粉充分溶解后，再按使用浓度加足全量的水。

（8）喷雾应在阴天或晴天下午进行，以喷湿为准，切勿重复喷施，否则易造成药害。喷后半日内下雨应重喷。

（三）注意事项

（1）防落素不能和碱性肥料、农药混合施用。

（2）施用时加入适量尿素、磷酸二氢钾效果较好，但要现用现配。

（3）未施用过本剂的作物和地区，应先做小区试验，取得成功经验后，再大面积推广。

（4）防落素在阴暗环境下，可长期保存。